国家科学技术学术著作出版基金资助出版

智能化电主轴技术

吴玉厚　张丽秀　著

科学出版社

北京

内 容 简 介

将智能技术与电主轴控制技术有机结合,可使数控装备在智能制造中呈现高质、柔性、高效及绿色特征。本书以提高电主轴单元的动态性能并最终实现智能化为目标,围绕电主轴热控制、运动控制、振动控制以及故障诊断的基础理论及智能化关键技术展开讨论;提供高精度的电主轴智能化温升预测方法及振动控制策略;探索电主轴定子电阻的智能辨识方法,为电主轴精确运动控制奠定基础;将深度学习应用于电主轴故障诊断,将陶瓷材料应用于电主轴轴承,为智能、绿色电主轴设计开发提供新思路。

本书可供研究院(所)、高等院校、企业从事数控、自动化、电气传动技术以及电主轴关键技术研究和开发的人员阅读,也可供高等院校相关专业高年级本科生和研究生参考。

图书在版编目(CIP)数据

智能化电主轴技术/吴玉厚,张丽秀著. —北京:科学出版社,2021.10
ISBN 978-7-03-069676-2

Ⅰ.①智… Ⅱ.①吴…②张… Ⅲ.①数控机床-主轴-研究 Ⅳ.①TG6

中国版本图书馆 CIP 数据核字(2021)第 178200 号

责任编辑:刘宝莉 / 责任校对:任苗苗
责任印制:吴兆东 / 封面设计:陈 敬

科 学 出 版 社 出版
北京东黄城根北街 16 号
邮政编码:100717
http://www.sciencep.com

北京虎彩文化传播有限公司 印刷
科学出版社发行 各地新华书店经销

*

2021 年 10 月第 一 版 开本:720×1000 B5
2022 年 5 月第二次印刷 印张:14 1/4
字数:285 000

定价:128.00 元
(如有印装质量问题,我社负责调换)

前　　言

装备制造业是国民经济的脊梁,而数控机床是现代装备制造业的工作母机,是实现制造技术和装备现代化的基石。智能化数控机床对提高机械加工精度、效率以及优化生产过程具有重要作用。电主轴系统是数控机床的关键功能部件,智能化数控机床应该配有智能化电主轴系统。智能化电主轴应该具有的特征为:能够自动检测和优化自身的运行状况;可以评价自身输出的质量;具备自学习与提高的能力。智能化电主轴涉及的关键技术有自动辨识电机参数、抑制振动、减少热变形、防止干涉、自动调节润滑油量、减少噪声等。智能化电主轴可提高现有数控机床的加工精度和效率。

本书是作者在相关领域研究成果的总结,同时也参考了这一领域前沿学术文献,其内容反映了智能化电主轴的自动辨识电机参数、抑制振动、减少热变形三个研究热点、前沿和发展方向,也包括该领域的理论基础和技术应用。书中内容分四部分展开:第一部分为绪论,主要介绍电主轴关键技术与性能;第二部分包含第2～4章,介绍电主轴驱动方式及其基础理论、电主轴生热及传热过程、主轴动平衡基础理论及方法;第三部分包含第5～7章,主要介绍电主轴电机定子电阻智能辨识方法、电主轴热态性能预测技术及电主轴振动自动抑制技术;第四部分包含第8章和第9章,介绍智能化电主轴在数控机床上的应用及陶瓷电主轴,提出智能化数控机床产业化的新思路。

本书相关研究工作得到了国家自然科学基金项目(59375228、50975182、51375317)、863计划项目(2006AA03Z533)、"十一五"国家科技支撑计划项目(2006BAJ12B07)、国际科技合作项目(2008DFA70330)、高等学校学科创新引智计划项目(D18017)以及教育部长江学者创新团队数控机床电主轴系统项目(IRT1160)的支持。

作者在撰写本书过程中得到了来自大连理工大学、清华大学、沈阳建筑大学、密歇根大学、特兰西瓦尼亚大学、洛阳轴研科技股份有限公司、沈阳机床集团股份有限公司等单位诸多专家学者的帮助和支持,在此一并表示感谢。

还要特别感谢国家科学技术学术著作出版基金对本书的资助。

由于作者水平有限,书中难免存在不足之处,恳请读者提出宝贵意见。

目　　录

第1章　电主轴关键技术与性能

高速加工技术可以解决机械产品制造中的诸多难题,如获得特殊的加工精度和表面质量,这项技术在各类装备制造业中得到越来越广泛的应用,使得高速数控机床成为装备制造业发展的重要基础。电主轴是一种智能型功能部件,是承载高速切削技术的主体之一,不但转速高、功率大,还需要具有控制主轴温升与振动等机床运行参数的功能。在高速加工时,采用电主轴实现刀具/工件的精密运动并传递金属切削所需的能量是最佳的选择。本章主要介绍电主轴的工作原理,分析电主轴的关键技术及运行性能。

1.1　电主轴结构及工作原理

随着变频调速技术的迅速发展和日趋完善,高速数控机床主传动的机械结构已得到极大的简化,取消了带轮传动和齿轮传动。机床主轴由内装式电动机直接驱动,从而把机床主传动链的长度缩短为零,实现了机床的"零传动"。这种主轴电动机与机床主轴合二为一的传动结构形式,使主轴部件从机床的传动系统和整体结构中相对独立出来,因此可做成主轴单元,俗称"电主轴"[1]。

1.1.1　电主轴结构与分类

电主轴主要由前盖、后盖、转轴、前端轴承、后端轴承、轴承预紧、水套、壳体、定子及转子组成。电主轴的定子由具备高磁导率的优质硅钢片叠压而成,叠压成型的定子内腔带有冲制嵌线槽。转子通常由转轴、转子铁心及鼠笼组成。转子与定子之间存在一定间隙,称为气隙,它是磁场能量转换的通路,用于实现将定子的电磁力场能量转换成机械能。电主轴的转子用压配合的方法安装在转轴上,处于前端轴承和后端轴承之间,由压配合产生的摩擦力来实现大转矩的传递。转子内孔与转轴配合面之间有很大的过盈量,装配时必须在油浴中将转子加热到200℃,迅速进行热压装配。电主轴的定子通过一个冷却套固装在电主轴的壳体中。在电主轴的后部可安装编码器,以实现电动机的全闭环控制。电主轴前端外伸部分的内锥孔和端面,用于安装和固定可换的刀柄。

高速电主轴单元的类型通常按支承轴承型式、润滑方式、冷却方式、应用领域及电机类型进行分类。电主轴分类如表1.1所示。

表 1.1　电主轴分类

分类方法	种类
支承轴承型式	滚动轴承、磁悬浮轴承、流体动(静)压轴承
润滑方式	油脂、油雾、油气
冷却方式	水冷、风冷、自冷
应用领域	车削、铣削、磨削、钻削、旋碾、离心等
电机类型	异步型电主轴、永磁同步型电主轴

按应用领域进行分类,电主轴可划分为车削、铣削、磨削、钻削、旋碾、离心等,具体功能如下:

(1)车削用电主轴。高速车削用电主轴能获得好的加工精度和表面粗糙度,特别适用于铝、铜类有色金属零件的加工。车削中心所使用的电主轴除传递运动、扭矩,还要带动工件旋转直接承受切削力。在一定载荷和转速下,电主轴部件要保证工件精确而稳定地绕其轴线做回转运动,并在动态和热态的条件下,仍能保持这一性能。

(2)铣削用电主轴。铣削用电主轴与数控铣、雕铣机及加工中心配套,进行高速铣削和雕刻加工,适用于常规零件、工模具、木工件加工,主要有自动换刀主轴和手动换刀主轴两种。自动换刀主轴带有自动松拉刀系统,刀具更换方便快捷;手动换刀主轴结构简单,经济实惠,适合不需频繁换刀的机床。雕铣用电主轴转速偏高,一般在 24000r/min 以上,通常选用专用弹簧夹头来夹持刀具,其电动机输出可分为恒功率和恒转矩两种。大型数控铣削用电主轴不设刀库,无须换刀,因此可选用开环控制。加工中心用电主轴通常采用闭环控制,若需实现低速大扭矩输出,则在选择电主轴型号时,需提供电主轴转速范围及恒功率段起点转速并要有准停功能。加工中心用电主轴通常选用高速油脂润滑或油气润滑以减少油雾对环境的污染。

(3)磨削用电主轴。磨削用电主轴是目前最主要的电主轴类型,主要应用于高速磨削,以提高磨削线速度和表面质量为目的,具有高速度、高精度和输出功率大的特点,如轴承磨床、各种内圆磨床及外圆磨床等。

(4)钻削用电主轴。钻削用电主轴主要是指印刷电路板(printed circuit board,PCB)高速孔化所使用的电主轴,常规速度等级分为 60000r/min、80000r/min、90000r/min、105000r/min、120000r/min、180000r/min 六档。前三种为油脂润滑型滚动轴承支承的电主轴,其加工范围为 0.2～0.7mm;后三种为空气静压轴承支承的电主轴,可用来钻削 0.1～0.15mm 的小孔。

(5)其他电主轴。高速旋碾用电主轴用于加工空调设备的内螺纹铜管。高速离心机用电主轴广泛应用于分离、粉碎、雾化、试验等高速离心领域。其他特殊用途的电主轴主要用于驱动、试验、切割等。

1.1.2　电主轴电机工作原理

1. 三相异步电主轴工作原理

三相异步电主轴的定子通入三相对称电流,电主轴内部形成圆形旋转磁通、圆形旋转磁通密度,合成磁场随着电流的交变而在空间不断旋转,即产生基波旋转磁场。不同时刻电主轴内部磁场仿真图如图 1.1 所示。电主轴内部磁场为圆形,旋转磁场的转速为

$$n_\mathrm{s} = 60 \frac{f_\mathrm{s}}{p} \qquad (1.1)$$

式中,f_s 为电源频率,Hz;n_s 为旋转磁场的转速(又称同步转速),r/min;p 为极对数。

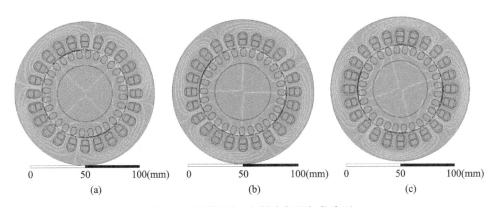

图 1.1　不同时刻电主轴内部磁场仿真图

转子导条彼此在端部短路,导条中产生电流,不考虑电动势与电流的相位差,该电流方向与电动势一致,导条在旋转磁场中受电磁力,产生电磁转矩,转子回路切割磁力线,其转动方向与旋转磁通势一致,并使转子沿该方向旋转。假设转子转速为 n_r,当 $n_\mathrm{s} < n_\mathrm{r}$ 时,表明转子导条与磁场存在相对运动,产生的电动势、电流及受力方向与转子不转时相同,电磁转矩为逆时针方向,转子继续旋转,并稳定运行。当 $n_\mathrm{s} = n_\mathrm{r}$ 时,转子与旋转磁场之间无相对运动,转子导条不切割旋转磁场,转子无感应电动势,无转子电流和电磁转矩,转子将无法继续转动。因此,异步电主轴的转子转速往往小于电源的同步转速[2]。

转子转速 n_r 与同步转速 n_s 之间的差异定义为转差率 s,即

$$s = \frac{n_\mathrm{s} - n_\mathrm{r}}{n_\mathrm{s}} \qquad (1.2)$$

式中,n_r 为转子转速,r/min。

因此,转差率越小,表明转子转速越接近同步转速,电主轴效率越高。

1)定子电压方程

感应电动机定、转子耦合电路示意图如图 1.2 所示,其中定子频率为 f_s,转子频率为 f_r,定子电路和旋转的转子电路通过气隙旋转磁场相耦合。图中表明,以同步转速旋转的气隙旋转磁场,将在定子三相绕组内感应对称的三相电动势 $\boldsymbol{E}_s$。根据基尔霍夫第二定律,定子每相所加的电源电压 $\boldsymbol{U}_s$ 等于该电动势的负值 $-\boldsymbol{E}_s$ 加上定子电流所产生的漏阻抗压降 $\boldsymbol{i}_s(R_s+\mathrm{j}X_{s\sigma})$。由于三相对称,仅需分析其中的一相(取 A 相)。于是,定子的电压方程为

$$\boldsymbol{U}_s=\boldsymbol{i}_s(R_s+\mathrm{j}X_{s\sigma})-\boldsymbol{E}_s \tag{1.3}$$

式中,R_s 为定子每相的电阻,Ω;$X_{s\sigma}$ 为定子每相的漏抗,Ω;$-\boldsymbol{E}_s$ 为励磁电流 $\boldsymbol{i}_m$ 在励磁阻抗 Z_m 上的压降,即 $\boldsymbol{E}_s=-\boldsymbol{i}_m Z_m$,V。

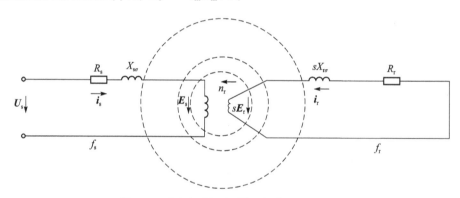

图 1.2　感应电动机定、转子耦合电路示意图

2)转子电压方程

在三相异步电机中,气隙主磁场除在定子绕组内感生频率为 f_s 的电动势 $\boldsymbol{E}_s$,还将在旋转的转子绕组内感生转差频率 $f_r=sf_s$ 的电动势 $\boldsymbol{E}_{rs}$。$\boldsymbol{E}_{rs}$ 的有效值为

$$|\boldsymbol{E}_{rs}|=4.44sf_s N_r k_{wr}\Phi_m \tag{1.4}$$

式中,$|\boldsymbol{E}_{rs}|$ 为气隙磁通在转子每相感应电动势的有效值,V;$N_r k_{wr}$ 为转子每相绕组的有效匝数;Φ_m 为每极气隙磁通量,Wb。

当转子不转($s=1$)时,转子每相感应电动势为

$$|\boldsymbol{E}_r|=4.44f_s N_r k_{wr}\Phi_m \tag{1.5}$$

$$\boldsymbol{E}_{rs}=s\boldsymbol{E}_r \tag{1.6}$$

即转子的感应电动势与转差率 s 成正比,s 越大,主磁场切割转子绕组的相对速度就越大,$\boldsymbol{E}_{rs}$ 也越大。

转子每相绕组也有电阻和漏抗。由于转子频率为 $f_r=sf_s$,转子绕组的漏抗

$X_{r\sigma s}$ 应为

$$X_{r\sigma s} = 2\pi f_r L_{r\sigma} = 2\pi s f_s L_{r\sigma} = s X_{r\sigma} \tag{1.7}$$

式中，$X_{r\sigma}$ 为转子频率等于 f_s 时的漏抗，Ω。

感应电动机的转子绕组通常为短接，即端电压 $\boldsymbol{U}_r = 0$，此时根据基尔霍夫第二定律，可写出转子绕组一相的电压方程为

$$\boldsymbol{E}_{rs} e^{j\omega_r t} = \boldsymbol{i}_{rs} e^{j\omega_r t} (R_r + j s X_{r\sigma}) \tag{1.8}$$

或

$$\boldsymbol{E}_{rs} = \boldsymbol{i}_{rs} (R_r + j s X_{r\sigma}) \tag{1.9}$$

式中，$\boldsymbol{i}_{rs}$ 为转子电流，A；R_r 为转子每相电阻，Ω。

定、转子频率不同，相数和有效匝数也不同，因此定、转子电路无法连在一起。为得到定、转子统一的等效电路，必须将转子频率变换为定子频率，将转子的相数、有效匝数变换为定子的相数和有效匝数，即进行频率归算和绕组归算。频率和绕组归算后感应电动机的定、转子电路如图 1.3 所示。

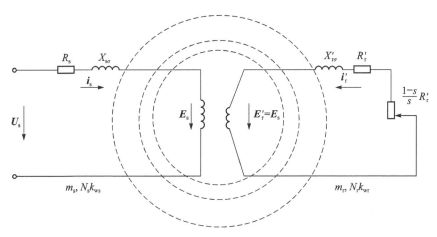

图 1.3　频率和绕组归算后感应电动机的定、转子电路图

感应电动机的电压方程和磁动势方程为

$$\begin{cases} \boldsymbol{U}_s = \boldsymbol{i}_s (R_s + j X_{s\sigma}) - \boldsymbol{E}_s \\ \boldsymbol{E}'_r = \boldsymbol{i}'_r \left(\dfrac{R'_r}{s} + j X'_{r\sigma} \right) \\ \boldsymbol{E}_s = \boldsymbol{E}'_r = -\boldsymbol{i}_m Z_m \\ \boldsymbol{i}_s + \boldsymbol{i}'_r = \boldsymbol{i}_m \end{cases} \tag{1.10}$$

根据式(1.10)，感应电动机的 T 形等效电路如图 1.4 所示。可以看出，感应电动机空载时，转子转速接近于同步转速，$s \approx 0$，$\dfrac{R'_r}{s} \to \infty$，转子相当于开路，此时转子

电流接近于零,定子电流基本上是激磁电流。当电动机加上负载时,转差率增大,$\dfrac{R'_r}{s}$减小,使转子和定子电流增大。负载时,由于定子电流和漏阻抗压降增加,$|E_s|$ 和主磁通值将比空载时略小。起动时,$s=1$,$\dfrac{R'_r}{s}=R'_r$,转子和定子电流都很大;由于定子的漏阻抗压降较大,此时 $|E_s|$ 和主磁通值将显著减小,仅为空载时的 $50\% \sim 60\%$。

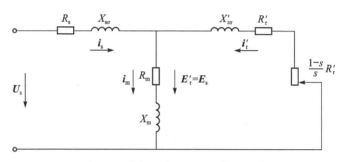

图 1.4　感应电动机的 T 形等效电路

2. 永磁同步电主轴工作原理

永磁同步电主轴的定子与三相异步电主轴基本相同,为三相对称结构;转子为磁极,按照转子结构形式分为凸极式和隐极式。凸极式适合用于低速运行,隐极式适合高速运行。因此,对于电主轴,以隐极式为主,且励磁方式为永磁。

三相同步电主轴定子绕组通以三相对称电流时,在定子绕组产生基波旋转磁场,其旋转同步转速与式(1.1)相同。转子采用永磁体,具有无励磁损耗、效率高等特点。在定子磁场和转子永磁体的相互作用下,转子被定子基波旋转磁场牵引着以同步转速一起旋转,即转子以同步转速旋转。

1.1.3　电主轴技术参数

不同电主轴的技术参数各有不同。磨削用电主轴的技术参数主要包括安装外径、最高转速、最高转速输出功率及润滑方式。加工中心用电主轴技术参数包括安装外径、计算转速、计算转速转矩、最高转速、额定功率、输出转矩以及 $D_m n$ 等。各参数定义如下:

(1) 安装外径是指电主轴最外缘套筒的直径,即电主轴外壳直径。

(2) 计算转速又称额定转速、基速,从电机设计角度来说,是指电机在连续工况下工作时,功率、转矩特性曲线上恒转矩与恒功率的转折点。功率、转矩特性曲线如图 1.5 所示,A 点是计算转速。小于计算转速时为恒转矩驱动,大于计算转速时为恒功率驱动。A 点可以使电机的转矩和功率均达到最大值,同时工作效率达到最佳。从使用角度出发,该点最好在电主轴常用的工作转速附近。

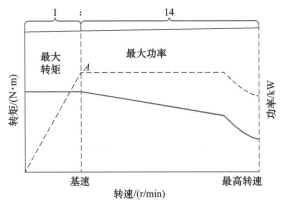

图 1.5　功率、转矩特性曲线

(3) 计算转速转矩是指转速小于等于计算转速的转矩。

(4) 最高转速是指电主轴能够达到的最高工作转速,是电主轴保持正常工作的极限转速值。电主轴能够达到最高工作转速时的带载能力和效率都较低,一般不希望在此点附近长时间工作。

(5) 额定功率表示电主轴的做功能力,一般随电源频率和电压变化而变化(恒功率调速时除外),电主轴铭牌标称功率为在标称电压、转速下的满载输出功率,电主轴的输出功率一般随转速的降低而降低,选择电主轴时要考虑这一点。

(6) 输出转矩表示电主轴输出力的大小,电主轴的转矩指标有最大转矩和额定转矩,最大转矩表示电主轴的过载能力,额定转矩表示负载能力。当电主轴承担的转矩超过最大转矩时,电主轴转速会发生陡降或停转,电主轴的最大转矩一般约为额定转矩的 2 倍,在使用和选择电主轴时要注意瞬间最大负载转矩不能超过电主轴的最大转矩,工作转矩稍小于电主轴的额定转矩。

(7) $D_m n$ 是反映电主轴功率和转速的一个重要特性参数(其中 D_m 为轴承中径,n 为电主轴工作转速),电主轴功率及转速受电主轴体积及轴承的限制。$D_m n$ 越大,其电主轴性能要求越高。通常,电主轴的 $D_m n < 1 \times 10^6$ mm·r/min,这类电主轴可采用油脂润滑;$D_m n \geqslant 1 \times 10^6$ mm·r/min 为高速或超高速大功率电主轴,这类电主轴要求采用油气或油雾润滑。当然,对于 $D_m n$ 一定的电主轴,n 越大,则 D_m 越小,功率小,刚性差,所以选择电主轴时不可盲目追求高转速。

GMN 公司用于加工中心和铣床的电主轴部分型号及主要规格如表 1.2 所示。

表 1.2　GMN 公司用于加工中心和铣床的电主轴部分型号及主要规格

电主轴型号	安装外径/mm	最高转速/(r/min)	额定功率/kW	计算转速/(r/min)	计算转速转矩/(N·m)	润滑方式	刀具接口
HC120-4200/11	120	42000	11	30000	3.5	OL	SK30
HC120-50000/11	120	50000	11	30000	3.5	OL	HSK-E25
HC120-60000/5.5	120	60000	5.5	60000	0.9	OL	HSK-E25
HCS150g-18000/9	150	18000	9	7500	11	G	HSK-A50
HCS170-24000/27	170	24000	27	18000	14	OL	HSK-A63
HC170-40000/60	170	40000	60	40000	14	OL	HSK-A50/E50
HCS170g-15000/15	170	15000	15	6000	24	G	HSK-A63
HCS170g-20000/18	170	20000	18	12000	14	G	HSK-F63
HCS180-30000/16	180	30000	16	15000	10	OL	HSK-A50/E50
HCS185g-8000/11	185	8000	11	2130	53	G	HSK-A63
HCS200-18000/15	200	18000	15	1800	80	OL	HSK-A63

注:G 表示永久油脂润滑;OL 表示油气润滑。表中产品全部使用陶瓷球轴承。

1.1.4　电主轴技术发展趋势

高速切削技术发展的需要,对数控机床电主轴的性能也提出了越来越高的要求,电主轴技术的发展趋势主要表现在以下几个方面。

1. 高速度、高刚度

数控机床需要电主轴高速化,电主轴的功率和转速是受电主轴体积及轴承限制的,$D_m n$ 是反映电主轴刚度和转速的一个重要综合特征参数,$D_m n$ 越大,其电主轴性能越好。因此,在保证电主轴高转速的前提下,加大主轴直径,提高其刚度,也是电主轴技术发展的方向之一。

2. 高速大功率、低速大转矩

发展现代数控机床需要同时能够满足低速粗加工时的重切削、高速切削时精加工的要求,因此电主轴应该具备高速大功率、低速大转矩的性能。高速电主轴的大功率化已是国际机床产业发展的一个方向。大功率半导体器件的飞跃性发展,已经完全可以满足现有电主轴应用场合所要求的功率等级,这为高速电主轴的大功率化奠定了基础。各国数控机床加工中心用电主轴主要参数如表 1.3 所示。

表 1.3　各国数控机床加工中心用电主轴主要参数

生产厂家	主轴转速/(10000r/min)	主轴电机类型	最大功率/kW	最大扭矩/(N·m)	主轴轴承	润滑方式
洛阳轴研科技	1.5	感应电动机	22	200	陶瓷/钢	油脂/油雾
瑞士 IBAG	6	感应电动机/同步电动机	80	320	陶瓷/钢	油气
德国 GMN	>4.6	感应电动机/同步电动机	150	1250	陶瓷/钢	油气
意大利 Gamfior	>7.5	感应电动机/同步电动机	68	573	陶瓷/钢	油气
瑞士 Fisher	6	感应电动机/同步电动机	20	450	陶瓷/钢	油气

3. 电机形式与控制方式多样化

电机方面,感应电动机的工作原理决定其运行效率的提高是有限的,特别是在位置和速度要求非常高的高精度高速电主轴系统中应用有时很难满足系统要求,因此选用转动惯量小、转矩密度高、控制精度高的永磁电动机代替感应电动机也将是电主轴发展的一个重要方向。永磁同步电动机将被越来越多地应用到高速电主轴中。特别是在加工中心的应用中,永磁同步电主轴显现出占用空间小、结构紧凑、特别适合高精度强力重载加工的优势。

对比现有的交流异步电动机,永磁同步电动机有以下优点:

(1) 转子用永磁材料制造,工作过程中转子不发热。而当采用交流异步电动机时,定子发热虽可用水冷却,但转子发热却无法得到充分冷却。

(2) 功率密度更高,即可用较小的尺寸得到较大的功率和转矩,有利于缩小电主轴的径向尺寸。

(3) 转子转速严格与电源频率同步,因此功率因数高,效率也高。

(4) 可采用矢量控制,且电路比异步电动机简单。

控制系统方面,矢量控制已经被大多数高速电主轴生产厂家所采用,而针对感应电动机采用的自适应控制、直接转矩控制、定子优化控制等措施使电主轴的应用性能也在不断提高。对于永磁同步电动机在低速粗加工时的重切削,多采用恒转矩控制方式,高速切削精加工时采用恒功率控制。此外,扩大永磁同步电动机弱磁区域的同时提高稳定性,也将成为高速电主轴的研究热点问题。

4. 智能化及绿色无污染

电主轴正朝着智能化的方向发展,即在控制理论的基础上,吸收人工智能、运筹学、计算机科学的新理论、新方法,模拟人类智能,使得电主轴具有推理、逻辑思维、自主决策的能力,以达到更高的控制目标。数控机床新一代电主轴需要在高速、安全可靠、低能耗、少污染、低噪声状态下工作。

1.2　电主轴共性关键技术

高速电主轴单元是典型的机电一体化系统。高速电主轴单元包含机械系统、控制系统、驱动系统以及检测系统,完整的高速电主轴单元如图1.6所示。电主轴单元有极高的工作转速要求,这使其设计、制造和控制难度加大。高速电主轴所涉及的关键技术包括高速精密陶瓷轴承技术、油气润滑与冷却技术、高速电机与驱动技术、工程陶瓷加工技术、精密制造与精密装配技术等关键技术,以及内置脉冲编码器技术、自动换刀技术、在线自动动平衡技术、轴向定位精密补偿技术、温升与振动监测技术、轴端气密与锥孔吹净技术、故障监测诊断技术、各种安全保护技术等相关配套技术。

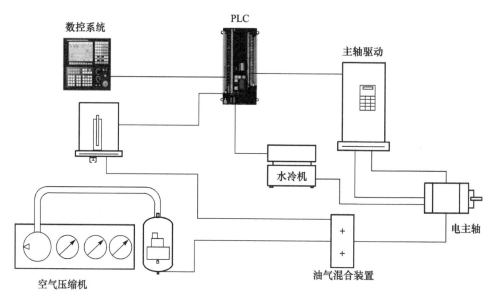

图 1.6　高速电主轴单元

PLC. 可编程逻辑控制器(programmable logic controller)

1.2.1　电主轴轴承技术

高速电主轴的核心支承部件是高速精密轴承。为满足高速、高刚度轴承的需要,轴承的选择和设计非常关键。电主轴的最高转速取决于轴承的大小、布置和润滑方法,所以对高速、高精度的主轴,轴承必须具备高速性能好、动态负荷承载力高、润滑性能好、发热量小等特点。目前电主轴采用的轴承主要有滚动轴承、流体静压轴承和磁悬浮轴承。

1. 电主轴的支承形式

1) 滚动轴承支承电主轴

滚动轴承具有很好的高速性能,但会在高速运行时产生巨大的离心力和陀螺力矩,造成动载荷超出切削负荷。在高速滚动轴承设计中,为了提高轴承的动态性能,降低摩擦损耗,减小高速运动时的惯性力,可采用空心滚动体或工程陶瓷材料。目前,应用最多的高速主轴滚动轴承为混合陶瓷球轴承,即滚动体使用热压 Si_3N_4 陶瓷球,轴承套圈仍为钢圈。陶瓷球的膨胀系数小,弹性模量是钢的 1.5 倍,运行发热时,其滚道间隙变化很小。陶瓷球轴承与同规格、精度的金属轴承相比可提高速度和使用寿命,并且降低了轴温。

陶瓷球轴承与钢球轴承相比,具有如下优点:

(1) 陶瓷与钢组成的混合轴承摩擦性能很好,能降低材料与润滑剂的应力。

(2) 陶瓷材料的密度低,因此轴承运转时的离心力较小。

(3) 陶瓷材料较低的热膨胀系数可降低轴承的热敏感性,使轴承高速时变形小,预加载荷变化小,刚度保持性好。

(4) 陶瓷材料较高的弹性模量可以提高轴承的刚度。

轴承的内圈、外圈、滚动体均使用陶瓷材料,轴承内径或滚道离心膨胀小,预紧的增加也减小,加之刚性好,球和滚道的接触面积小,所以发热和膨胀也较小,可以适应更高的转速及获得更长的使用寿命。

2) 磁悬浮轴承支承电主轴

磁悬浮轴承又称磁力轴承。它依靠多副在圆周上互为 180° 的电磁铁产生径向方向相反的吸力(或斥力),将主轴悬浮在空气中,轴顶与轴承不接触,径向间隙约为 1mm。当承受载荷后,主轴在空间位置发生微弱变化,由位置传感器测出其变化值,通过电子自动控制与反馈装置,改变相应磁极的吸力(或斥力)值,使其迅速恢复到原来的位置,使主轴始终绕其惯性轴做高速回转运动。故这种轴承又称为主动控制磁力轴承,磁悬浮轴承原理如图 1.7 所示。

磁悬浮轴承是利用可控电磁力作用将转轴悬浮于空间,使转轴与定子之间没有机械接触的一种新型高性能轴承。由于该轴承不存在机械接触,转轴可达到极高的转速。它具有机械磨损小、能耗低、噪声小、寿命长、无须润滑、无油污染等优点,而且磁悬浮轴承还是可控轴承,主轴刚度和阻尼可调,因此十分有利于机械加工。

磁悬浮轴承电主轴在空气中回转,其 $D_m n$ 可以高出滚动轴承 1~4 倍,最高线速度可高达 200m/s(陶瓷球轴承为 80m/s),使电主轴容易实现在线监控和诊断,磁悬浮轴承轴心的位置可用电子反馈控制系统进行自动调节,其刚度值可以任意设定,可自动动平衡和主动控制阻尼而将振动减至很低。这种电主轴轴承温升低,

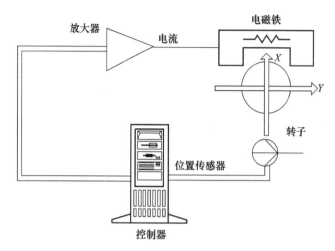

图 1.7　磁悬浮轴承原理图(略去 180°的电磁铁)

回转精度可高达 $0.1\mu m$,主轴轴向尺寸变化也很小。

3) 流体支承电主轴

液体(动)静压主轴以液态油膜作为支撑,具有显著的误差均化效应和阻尼减振性,回转精度远高于滚动轴承式主轴,其刚度高,磨损小,寿命长,在精密/超精密机床上获得了广泛应用;主要技术难点在于控制高速时主轴的温升和热变形。气体轴承电主轴以气膜作为支撑,回转精度和极限转速高于液体(动)静压电主轴和滚动轴承式电主轴,其热稳定性好,是超精密机床和印刷电路板钻床不可或缺的核心部件。动静压主轴是一种综合了动压轴承和静压轴承优点的新型多油楔轴承,避免了静压轴承高速下发热严重和供油系统庞大复杂的缺点,克服了动压轴承起动和停止时可能发生的干摩擦的弱点,有很好的高速性能,而且调速范围广,既适合大功率的粗加工,又适用于超高速精加工。但是这种轴承必须进行专门设计,单独生产,标准化程度低,维护也困难。

气体悬浮电主轴在超精密机床和高速机床中获得广泛应用,如在航空和国防领域用于加工大型光学透镜的金刚石车床、在电子工业领域用于加工微小非球面光学透镜的超精密磨床,以及印制电路板钻孔用的高速钻床等。气体静压轴承电主轴的转速可高达 100000~200000r/min。其具有如下缺点:

(1) 刚度差,承载能力低。电主轴高效高速化技术主要受系统临界转速和电动机速度-力矩特性制约。气体悬浮电主轴临界转速取决于气膜刚度和转子质量分布;电动机的拖动能力取决于电磁材料特性和电磁设计技术。临界转速是主轴实现高速化的前提条件,电动机拖动能力是主轴高速下的工作能力,两者不可或缺。

(2) 存在温度效应。温度效应是指由热源和冷源引起温度变化,导致轴承性能下降。黏性剪切产生的热量和激波引起的温差虽较小,但产生的变形量与气膜厚度同一数量级而不能忽略。温度效应引发的热量相互传递而耦合在一起,使电主轴系统尤其是气膜温度分布更加复杂,需要建立基于多变指数的有效温度场模型。

(3) 存在惯性效应。在较大的供气压力下,气体悬浮电主轴高速运转所带来的气流惯性将引起轴承承载性能的变化。不同轴承结构的影响各不相同,影响趋势随着转速的增加而增大。

(4) 回转精度差。超精密机床主轴的回转特性由转子的回转特性和轴承的承载特性交叉耦合而成。回转精度的分析方法有三种:试验分析法、经典流体润滑理论分析法和二维力学特性分析法。试验分析法考虑转子回转特性对回转精度的影响。经典流体润滑理论分析法考虑轴承-转子系统几何形状误差和不平衡量对回转精度的影响。二维力学特性分析法考虑轴承-转子系统的力学特性对回转精度的影响。上述方法只能说明各个组成部分对回转精度存在影响,而不能有效说明各个部分的影响程度,更不能诠释主轴系统回转精度的形成机理,因此回转精度控制非常困难。

2. 滚动轴承的配置形式和预加载荷

根据切削负荷大小、形式和转速等,电主轴滚动轴承有多种。电主轴常用的轴承配置形式如图 1.8 所示,其中图 1.8(a)仅适用于负荷较小的磨削用电主轴。

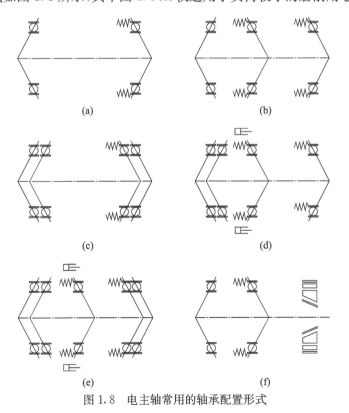

图 1.8　电主轴常用的轴承配置形式

　　电主轴若配置角接触球轴承,一般必须在轴向有预加载荷条件下才能正常工作。预加载荷不仅可以消除轴承的轴向游隙,还可以提高轴承刚度、主轴的旋转精度,抑制振动和钢球自转时的打滑现象等。一般来说,预加载荷越大,提高刚度和旋转精度的效果就越好;但是,预加载荷越大,温升就越高,可能造成烧伤,从而缩短使用寿命,甚至不能正常工作。因此,需要针对不同转速和负载的电主轴来选择轴承最佳的预加载荷值。

　　对转速不太高和变速范围比较小的电主轴,一般采用刚性预加载荷,即利用内外隔圈或轴承内外环的宽度尺寸差来施加预加载荷。这种方式虽然简单,但当轴系零件发热而使长度尺寸变化时,预加载荷大小也会相应发生变化。当转速较高和变速范围较大时,为了使预加载荷的大小少受温度或速度的影响,应采用弹性预加载荷装置,即用适当的弹簧来预加载荷。

　　以上两种方法,在电主轴装配完成以后,就无法改变和调整其预加载荷的大小。对于使用性能和使用寿命要求更高的电主轴,采用可调整预加载荷的装置,可调整预加载荷的装置原理如图 1.9 所示。在最高转速时,其预加载荷值由弹簧力确定;当转速较低时,按不同的转速,通以不同压力值的油压或气压,作用于活塞上而加大预加载荷,以便达到与转速相适应的最佳预加载荷值。轴承预紧力加载装置如图 1.10 所示。

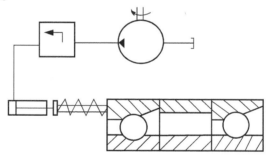

图 1.9　可调整预加载荷的装置原理图

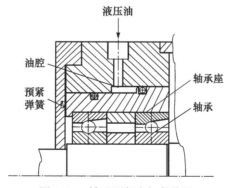

图 1.10　轴承预紧力加载装置

1.2.2　电主轴电动机及控制技术

电主轴电动机设计决定了主轴的最大功率、力矩以及电主轴的性能。合理选择电机类型，设计电机的电磁参数，使电主轴单位体积下的功率密度更高，体积和转动惯量相对更小具有重要意义。

频率恒定的异步电机是按照频率为某一给定值进行设计的，要求实际使用时电机的频率在很小的范围内变动，一般变动范围不超过额定频率的 1%，否则电机的性能会产生很多变化。电主轴电机根据工作需要，具有较宽的调速范围。采用变频器驱动，可以满足工作中转速的不断变化及高速化等要求。因此，电主轴电机是随着供电频率的变化而变化的，电机的输出特性均能满足使用要求，这就要求电主轴电机的电压与频率的比值不变，即保证频率变化时电机内电磁场磁密保持恒定[3,4]。

高速电主轴运转时绕组电流和铁芯中磁通交变频率增加，导致其基本电气损耗增加，高频附加损耗增加。特别是高速旋转增大了转子表面风磨损耗和轴承损耗在总损耗中的比重。由于损耗而产生的电主轴温升与运行速度和散热条件密切相关，需要应用电磁场、应力场与温度场耦合分析，计算其损耗和温度场分布。同时，与普通电机相比，电主轴单位体积总体功率密度及损耗较大，散热面积较小，电主轴散热及冷却方式是其设计的难点。

高速电主轴电机设计方法与传统的正弦供电工频电机设计方法相比，不同之处在于：

（1）设计时不需要考虑起动问题，低速段实行恒转矩调速，可输出足够大的转矩。

（2）为了减少集肤效应的影响并降低转子铜耗，转子槽应设计成浅槽。

（3）为提高效率、输出功率、输出转矩和转子临界转速，设计时尽量增加径向尺寸，减小轴向尺寸。

（4）设计基准点一般不在 50Hz。

（5）需要考虑高次谐波的影响。

（6）在某一工作点可采用传统的异步电机电磁设计方法；在频率变化时，需要计算在不同频率下电机的稳态运行特性。

完整的电主轴性能描述方式是用功率、转矩、电压、电流与转速的关系曲线来全面描述电主轴的性能。典型的电主轴特性曲线如图 1.11 所示。根据曲线，可以准确地得到有关电主轴具体工作性能的描述信息。实际上电主轴的性能曲线不仅与电机有关，而且与驱动电机运行的控制工作方式有关。对于交流异步感应电主轴，其控制方式有标量控制、矢量控制及直接转矩控制三种类型。

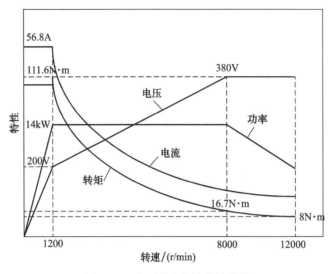

图 1.11　典型的电主轴特性曲线

1. 标量控制驱动器的驱动和控制

普通变频器为标量驱动和控制,其驱动控制特性为恒转矩驱动,输出功率和转速成正比。S_1 为在电动机的 100% 运转时间内,负载是连续不变的;S_6 为在电动机 60% 的运转时间承受负载,另 40% 的运转时间为空载。电主轴应用在机床上时,负载是断续的(当工序之间进行定位、返程、换刀等动作时,机床加工过程将短时停顿),按 S_6 来选定功率和转矩较为经济。电主轴出厂时提供的 S_1 和 S_6 数据及峰值数据,用以表明其负载能力及超载能力。标量控制电主轴转速与转矩关系如图 1.12 所示,标量控制电主轴功率与转速关系如图 1.13 所示。这类驱动器在低速时输出功率不够稳定,不能满足低速大转矩的要求,也不具备主轴定向停止

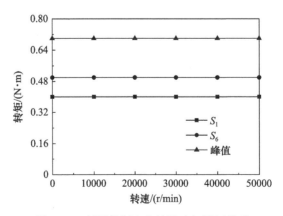

图 1.12　标量控制电主轴转速与转矩关系

和 C 轴(数控机床中与主轴平行的轴为 Z 轴,绕 Z 轴旋转的轴为 C 轴)功能,但价格便宜,一般应用于在高速端工作的电主轴,如磨削、小孔钻削、雕刻铣和普通高速铣床的电主轴。

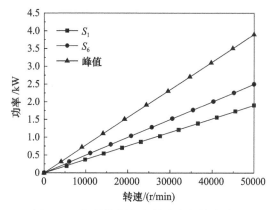

图 1.13　标量控制电主轴功率与转速关系

为了改善电主轴的驱动品质,出现了采用"电压/频率 $\neq$ 常数"控制策略的新型变频器,使得电主轴在计算转速以上可以实现恒功率驱动,在计算转速以下,随着转速的升高,转矩由零迅速达到恒转矩驱动,新型变频器转矩、功率与转速的关系如图 1.14 所示。

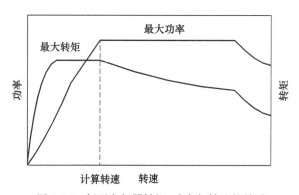

图 1.14　新型变频器转矩、功率与转速的关系

2. 矢量控制驱动器的驱动和控制

矢量控制的驱动特性表现为:在低速端为恒转矩驱动,在中、高速端为恒功率驱动,矢量控制电主轴转矩与转速的关系如图 1.15 所示,矢量控制电主轴功率与转速的关系如图 1.16 所示。可以看出,矢量控制驱动器在刚起动时仍具有很大的转矩值。再加上电主轴的转动惯量很小,这就可以保证实现起动时转矩瞬时达到

最高速。这种驱动器有开环和闭环两种,后者在主轴上装有位置传感器,可以实现位置和速度的反馈,不仅具有更好的动态性能,还可以实现主轴定向停止于某一设定位置和 C 轴功能。在电主轴转矩、功率与转速关系图中均有 S_1、S_6 和峰值曲线,这是因为电主轴和驱动器均具有允许短时间或瞬时超载的能力。掌握这个特性,可在不同的情况下,最大限度地利用电动机和驱动器的工作潜力,以提高经济效益。

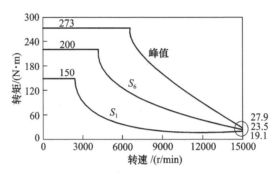

图 1.15　矢量控制电主轴转矩与转速的关系

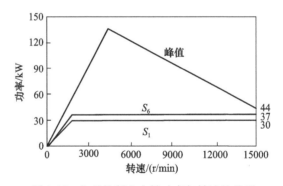

图 1.16　矢量控制电主轴功率与转速的关系

电主轴的伺服控制需要满足精准定位和高加减速的要求,因此多采用矢量控制算法,控制系统由电流内环、速度环和位置环组成。高速的全数字处理器使复杂的伺服控制算法得以实现,且确保了电主轴响应的快速性和伺服控制精度。目前小功率永磁同步电动机及其伺服控制方面的技术水平各国差距不大。但在大功率高转速永磁主轴电机方面各个国家差距较大,特别是功率为 40kW、转速为 10000r/min 以上的永磁主轴电机及其控制技术的研究仍是热点。

3. 直接转矩控制驱动器的驱动和控制

直接转矩控制变频调速,是继矢量控制技术之后又一新型的高效变频调速技术,包含六边形和圆形控制方案。直接转矩控制技术用空间矢量的分析方法,直接在定子坐标系下计算与控制电动机的转矩,采用定子磁场定向,借助离散的两点式调节产生脉冲宽度调制(pulse width modulation,PWM)波信号,直接对逆变器的开关状态进行最佳控制,以获得转矩的高动态性能。它省去了复杂的矢量变换与电动机的数学模型简化过程。它的控制方法新颖,控制结构简单,控制手段直接,信号处理的物理概念明确。即使在开环的状态下,也能输出 100% 的额定转矩,对于多拖动具有负荷平衡功能。直接转矩控制的明显缺点是转矩和磁链脉动。

1.2.3 电主轴润滑与冷却技术

高速电主轴的温升会影响主轴系统的温度场在轴线上的对称性及梯度,温度上升的过程中,主轴本身将产生轴向伸长,同时主轴前后支承的中心位置必会在径向发生变化,使主轴的工作端产生径向位移。而如果冷却系统分布不均,造成温度场变化不均,会使加工精度降低,从而导致轴承和电机的永久损坏,特别是对于永磁电机的永磁体,过热将导致永磁体的永久退磁,直接影响电机性能。电主轴的发热集中在定、转子和轴承的发热,因此均匀有效的冷却系统对高速电主轴系统的精度有决定作用。冷却系统与润滑系统的设计关系密切,若润滑系统性能优越,则会产生相对较少的热量,也就减轻了冷却系统的负担。电主轴的发热部位主要是电机定子发热及转子系统轴承摩擦发热。电主轴电机及轴承的冷却方式通常采用与冷却流体间的对流实现。电主轴定子的冷却通常采用定子外部设计冷却套的方式实现,且效果较好。转子的冷却则比较困难,常用的方法是通过轴承润滑油的流动带走一部分热量。滚动轴承在高速回转时,正确的润滑极为重要,稍有不慎,将会造成轴承因过热而烧坏。当前电主轴主要有三种润滑方式:

(1)油脂润滑是一次性永久润滑,不需任何附加装置和特别维护。但其温升较高,允许轴承工作的最高转速较低,一般 $D_m n \leqslant 1.0 \times 10^6 \, \mathrm{mm \cdot r/min}$。在使用混合轴承的条件下,其 $D_m n$ 可以提高 25% ~ 35%。

(2)油气润滑是一种新型的、较为理想的方式,被称为气液两相流体冷却润滑技术。它利用分配阀对所需润滑的不同部位,按照其实际需要,定时(间歇)、定量(最佳微量)地供给油气混合物,能保证轴承的各个不同部位既不缺润滑油,又不会因润滑油过量而造成更大的温升,并可将油雾污染降至最低限度,其 $D_m n$ 可达 $1.9 \times 10^6 \, \mathrm{mm \cdot r/min}$。

油气润滑系统原理如图 1.17 所示。根据整个被润滑设备的需油量和事先设定的工作程序接通油泵,润滑油经定量分配器精确计量和分配后被输送到与压缩空气相连接的网络中,并与压缩空气混合形成油气流进入油气管道,压缩空气经过压缩空气处理装置进行处理。在油气管道中,由于压缩空气的作用,润滑油沿着管道内壁波浪形地向前移动,并逐渐形成一层薄薄的连续油膜。由于进入轴承内部的压缩空气的作用,使润滑部位得到了冷却;又由于润滑部位保持着一定的正压,外界的杂质和水不能侵入，可以起到良好的密封作用。油气润滑装置示意图如图 1.18 所示。

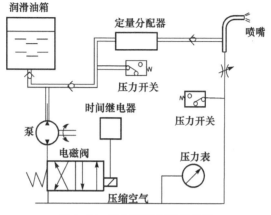

图 1.17　油气润滑系统原理图

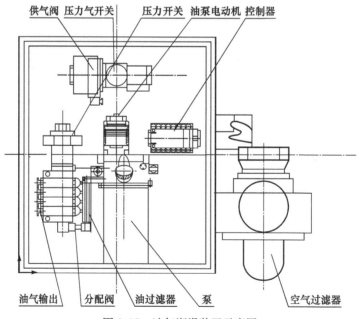

图 1.18　油气润滑装置示意图

（3）油雾润滑。油雾润滑与油气润滑均属于气液两相流体冷却润滑技术。油雾润滑的工作原理如图 1.19 所示[5]，压缩空气通过进气口进入阀体后，沿喷嘴的进气孔进入喷嘴内腔，并从文氏管喷出进入雾化室中，这时，真空室内产生负压，并使润滑油经过滤器和喷油管进入真空室，然后滴入文氏管中，油滴被气流喷碎成不均匀的油粒,再从喷雾罩的排雾孔进入贮油器的上部,大的油粒在重力作用下落回贮油器的下部油中,只有粒径小于 $3\mu m$ 的微粒留在气体中形成油雾,随着压缩空气经管道输送到润滑点。为了将润滑油输送到摩擦点,要在一个润滑油雾化装置中将润滑油雾化成非常细小的油粒。雾化后的润滑油微粒的表面张力大于润滑油微粒的吸引力,使得雾化后的润滑油处于一种气体状态。雾化的润滑油能够在这种状态下由雾化装置经过分配器输送到各个摩擦点。但由于油雾进入摩擦点后不能完全形成滴状的油滴,不利于形成润滑所需的油膜,需要凝缩嘴使得油雾经过凝缩嘴后形成滴状的油粒。需要注意的是,油雾只能以较小的速度输送,因为油雾只有在层流状态下才能保持稳定。如果是紊流状态,润滑油的微粒就会因相互碰撞而聚集在一起,结合成较大的润滑油油滴,以致重新恢复成液体状态。在这种液体状态下,润滑油又重新流回容器中,油雾的压力很低,为了克服油雾流动的阻力,电主轴内部油道必须具有较大的截面积。在油雾润滑的管道中,油已成雾状并和压缩空气融合在一起,油和气在管道中的输送速度是一样的,因此从润滑部位排出的空气中含有油的微小颗粒,会对环境造成污染并严重危害人体健康。油雾润滑与油气润滑比较如表 1.4 所示。

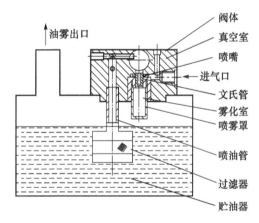

图 1.19　油雾润滑工作原理

表 1.4　油雾润滑与油气润滑比较

比较项目	油雾润滑	油气润滑
流体形式	一般型气液两相流体	典型气液两相流体
输送润滑剂的气压	0.04～0.06bar	2～10bar
气流速	2～5m/s(润滑剂和空气紧密融合成油雾气,气流速=润滑剂流速)	30～80m/s(润滑剂没有被雾化,气流速远远大于润滑剂流速),特殊情况下可高达150～200m/s

比较项目	油雾润滑	油气润滑
润滑剂流速	2～5m/s(润滑剂和空气紧密融合成油雾气,气流速=润滑剂流速)	2～5cm/s(润滑剂没有被雾化,气流速远远大于润滑剂流速)
加热与凝缩	对润滑剂进行加热与凝缩	不对润滑剂进行加热与凝缩
对润滑剂黏度的适应性	仅可适用于较低黏度(150cSt/40℃以下)的润滑剂,对高黏度的润滑剂雾化率相应降低	适用于任何黏度的油品,黏度大于680cSt/40℃或添加有高比例固体颗粒的油品都能顺利输送
在恶劣工况下的适用性	在高速、高温和轴承座受杂质、水及有化学危害性的流体侵蚀的场合适用性差;不适用于重载场合	适用于高速(或极低速)、重载、高温和轴承座受杂质、水及有化学危害性的流体侵蚀的场合
对润滑剂的利用率	因润滑剂黏度不同而雾化率不同,对润滑剂的利用率只有约60%或更低	润滑剂100%被利用
耗油量	是油气润滑的10～12倍	是油雾润滑的1/10～1/12
给油的准确性及调节能力	不能实现定时、定量给油;对给油量的调节能力极其有限	可实现定时、定量给油,可在极宽的范围内对给油量进行调节
附壁效应	无法实现油雾气多点平均分配或按比例分配	可实现油气多点平均分配或按比例分配
管道布置	管道必须布置成向下倾斜的坡度以使油雾顺利输送;油雾管的长度一般不大于20m	对管道的布置没有限制,油气管可长达100m
用于轴承时轴承座内的正压	≤0.02bar;不足以阻止外界杂质、水或有化学危害性的流体侵入轴承座并危害轴承	0.3～0.8bar;可防止外界杂质、水或有化学危害性的流体侵入轴承座并危害轴承
可用性	因危害人身健康及污染环境,其可用性受到质疑	可用
系统监控性能	弱	所有动作元件和流体均能实现监控
轴承使用寿命	适中	很长,是使用油雾润滑的2～4倍
环保性	雾化时有20%～50%的润滑剂通过排气进入外界空气中成为可吸入油雾,对人体肺部极其有害并污染环境	油不被雾化,也不和空气真正融合,对人体健康无害,也不污染环境

注:1bar=10^5Pa,1cSt=10^{-6}m²/s。

1.2.4　电主轴动平衡技术

高速电主轴的转速很高,旋转时微小的不平衡量都会引发主轴的振动,影响加工的质量和精度。主轴的不平衡质量以主轴转速的平方影响其动态性能,同时主轴的电机转子直接固定在轴上,又增加了主轴的转动质量,所以高速电主轴在动平衡精度方面有着严格的要求,以保证电主轴在高速运转时有良好的动态性能和加工精度,高速电主轴的动平衡精度一般应达到 G0.1～G0.4($G=e\omega$,e 为质量中心与回转中心之间的位移,即偏心量;ω 为角频率)。因此,电主轴在设计及制造上都应尽可能减小不平衡质量。在设计时应采用严格的对称性设计原则。键连接和螺纹连接是高速运转情况下造成动不平衡的主要原因,其机械结构的关键零件,尤其是旋转零件,应尽量避免常规机械结构设计中的键连接和螺纹连接。

为避免动平衡问题,在设计之初,就需充分考虑造成其动平衡问题的受迫力和自激振动能力的因素,所设计的主轴部件应该对这两类性质不同的振动都具有良好的抵抗能力,从而保证高速切削时主轴具有良好的运转精度和传动能力。过盈连接与键连接和螺纹连接相比,过盈连接一般用热装法和压力油注入法来进行装拆,只要过盈套的质量均匀,不但不用破坏主轴,而且主轴的动平衡也不会受到破坏。

过盈连接具有定位可靠、可提高主轴的刚度、不影响主轴的旋转精度等优点。此外,在轴承预紧时也不会使轴承因受力不均而影响其寿命。因此,电主轴中常采用过盈连接的方式。

在制造、装配过程中,不但装配前要对主轴的每个零件(包括要装夹、更换的刀具)分别在高速精密动平衡机上进行动态校验动平衡,装配后还要对整体进行动平衡测试,保证电主轴动平衡精度的要求。

去重法和增重法是主轴动平衡常用的两种方法。去重法多用于小型主轴和普通电机,增重法是近年来为适应超高速电主轴发展的需要而采用的方法。去重法在电机的转子两端设有去重盘,根据整体动平衡测试的结果,从去重盘上切去不平衡量;增重法在电机转子的两端设有平衡盘,平衡盘的周向加工有均匀分布的螺纹孔,根据整体动平衡测试的结果,通过控制拧入螺纹孔内螺钉的深度和周向位置来平衡主轴的偏心量。

1.2.5　电主轴刀具接口技术

随着机床向高速、高精度、大功率方向发展,沿用多年的标准化的 7/24 锥连接已不能适应高速机床主轴的要求,从而限制了主轴转速和机床精度的进一步提高。分析表明,25%～50%的刀尖变形来源于 7/24 锥连接,只有约 40%的变形来源于主轴和轴承。

机床向高速、高精度、大功率方向发展,要求机床有较高的刚性和可靠性,传统的标准机床刀具接口 7/24 锥连接已经不能满足高速主轴的要求,因此对机床的刀具接口提出了更高的要求:

(1)确保高速下主轴与刀具的连接状态不会发生变化。在高速条件下,高速主轴的前端在离心力的作用下会使主轴发生膨胀,膨胀的大小与旋转半径和转速成正比。主轴的膨胀会引起刀柄及夹紧机构的偏心,影响主轴的动平衡。同时标准的 7/24 实心刀柄的膨胀量比主轴的膨胀量小,会使连接的刚度下降。

(2)保证常规的刀具接口在高速下有可靠的接触定位。这需要一个很大的过盈量来消除高速旋转时主轴锥孔端部的膨胀和锥度配合的公差带。但过盈量的增大要求拉杆产生的预紧拉力增加,对换刀极为不利,同时还会使主轴膨胀,对主轴前轴承也有不良影响。

(3) 常规的刀具接口锥孔较长,难以实现全长无间隙配合,间隙的存在会引起刀具的径向圆跳动,影响整个主轴单元的动平衡。

(4) 常规的刀具接口用键来传递转矩,键和键槽的受损会破坏主轴系统的动平衡,因而在高速电主轴的刀具接口中应取消键连接。

(5) 传统的刀具接口限制了主轴转速和机床精度的进一步提高。在加工过程中刀尖 25%~50% 的变形来源于主轴的 7/24 前端锥孔结合面,只有约40% 的变形来源于主轴和轴承。因此,必须研究新的适合超高速主轴要求的主轴轴端结构。

要解决高速电主轴刀具接口中存在的问题,应该从以下几个方面进行考虑:

(1) 对现有的标准刀具接口的结构进行改进,消除配合时配合面之间的间隙,改善标准刀具接口的静态性能。

(2) 严格规定配合公差,增大轴向拉力。

(3) 在不改变标准结构的前提下,实现锥孔和端面同时接触定位。

(4) 改用小锥度、空心短锥柄结构,实现锥体和端面同时接触定位。

(5) 增大配合的预加过盈量,同时采取措施防止锥孔膨胀,改善标准刀具接口的高速性能。

(6) 取消键连接,采用摩擦力或三棱圆传递转矩的结构,消除键连接引发的动平衡问题。

(7) 在刀柄上安装自动动平衡装置,满足高速加工对刀具提出的在线动平衡的苛刻要求。

(8) 在刀柄内安装减振装置,防止刀柄的振动。

对主轴与刀具较成功的设计主要有两大类型,即 HSK 刀柄和 KM 刀柄。HSK 刀柄与主轴连接如图 1.20 所示,KM 刀柄与主轴连接如图 1.21 所示[6]。

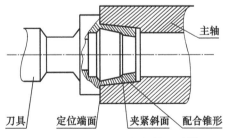

图 1.20　HSK 刀柄与主轴连接[6]

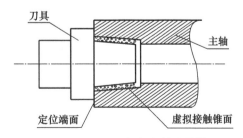

图 1.21　KM 刀柄与主轴连接[6]

在众多刀具接口方案中,已被德国标准化学会标准化的 HSK 短锥刀柄,采用 1∶10 比标准的 7/24 锥度短的锥度,锥柄部分采用薄壁结构。这种结构对刀具接口处的公差带要求为 $2\sim6\mu m$,刀柄利用锥面与端面同时实现轴向定位,可以保证每次换刀后的精度不变,具有较高的重复定位精度及隐含层刚度。当主轴高速旋转时,短锥与主轴锥孔可保持较好的接触,因此主轴转速对连接性能影响很小,特别适合在高速、高精度情况下使用,已广泛为高速电主轴所采用。

1.3   电主轴静动态性能

除上述由电动机和驱动器决定的最高转速、转矩和功率以及它们之间有关的性能参数,电主轴还有以下一些重要的性能参数。

1. 精度和刚度

电主轴的精度和刚度与电主轴前后轴承的配置方式、主要零件的制造精度(如套筒前后孔和主轴前后轴颈的同轴度等)、选用滚动轴承的尺寸大小和精度等级(电主轴一般选用最高或次高精度等级的轴承,相当于国际标准 P2 级和 P4 级)、装配的技艺水平和预加载荷的大小等密切相关。电主轴的最终精度往往可以得到等于或高于单个轴承的精度,这是装配工人在装配时采用选配方式,将单个轴承的误差进行相互补偿及恰当地施加预加载荷的结果。为此,高速电主轴的生产对设计水平、制造工艺、工人技艺和装配环境的洁净度及恒温控制等均有极为严格的要求。

电主轴的精度和刚度数值尚未有统一的国际标准。图 1.22 为 GMN 公司的电主轴几何精度验收标准。

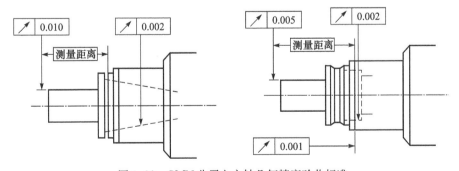

图 1.22   GMN 公司电主轴几何精度验收标准

刚度分为轴向刚度和径向刚度,电主轴轴向刚度和径向刚度的测量位置如图 1.23 所示,其数值随电主轴的套筒大小而变化。而同样大小尺寸的套筒,其刚度数值随最高转速高低而变化,一般最高转速高的刚度,小于最高转速低的刚度。这既反映了电主轴工作的实际需要,又与转速高时预加载荷较小有关。

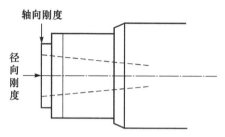

图 1.23　电主轴轴向刚度和径向刚度的测量位置

2. 临界转速

临界转速是指一个回转质量系统在某一特定的支承条件下,产生系统最低一阶共振时的转速。临界转速对高速回转部件的安全运转至关重要。厂家在设计电主轴时,已对此进行了精细的计算,并确保其最高转速低于临界转速。生产厂家要求用户在使用时,刀具重量不能超出规定值,其长度直径比一般不应大于某一数值(如 4:1),并要求使用经过动平衡的刀具。GMN 公司提供的不同转速下允许刀具的不平衡数值如图 1.24 所示。

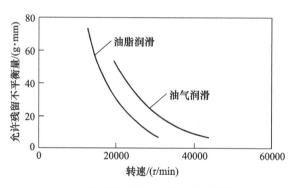

图 1.24　不同转速下允许刀具的不平衡数值

3. 残余动不平衡值及验收振动速度值

高速回转时,即使微小的动不平衡,也会产生很大的离心力,使电主轴系统产生振动。为此,电主轴生产厂家必须对电主轴系统进行精确的动平衡控制。一般都执行 ISO 标准 G0.4 级,即在最高转速时,由于残余动不平衡引起振动的速度最大允许值为 0.4mm/s。但每个厂家均有其内控的残余动不平衡值标准,在最高转速时,出厂验收的振动速度约为 0.7mm/s。

采用振动速度值标准,可以体现引发振动的能量大小。之所以不用振幅值和加速度值来度量残余动不平衡值,是因为电主轴安装到机床上以后,作为振源,其能量大小对机床的影响更为直观和实用。

4. 噪声与套筒温升值

电主轴在最高转速时,噪声一般应低于 75dB(A)。

尽管电主轴的电动机及前轴承外周处都采用循环水冷却,但一般仍会有一定的温升。通常在两个部位测量温升,一个是在壳体前端处,另一个是在壳体前轴承外周处。当电主轴在最高转速运转至热平衡状态时,一般壳体前端处温升应小于 20℃,前轴承外周处温升应小于 25℃。这个实测数值,连同测量时的室温值,一般填写在出厂的验收单上。值得注意的是,两处并非越小越好,这是因为内置电动机的转子无法冷却,总有一定的温升,故希望定子温升值与转子温升值尽量接近。

5. 拉紧刀具的拉力值

对用于加工中心或其他具有刀具拉紧机构的电主轴,一般都在说明书上标明静态拉紧刀具的力的大小,以 N 为单位,用成组的碟形弹簧来实现刀具的拉紧。松开刀具一般采用液压或气压活塞和缸。生产厂家也会注明所出的最大压力值和最小压力值,以 MPa 为单位。

6. 使用寿命值

由于高速运转,采用滚动轴承的电主轴工况一般比较恶劣,其使用寿命总是有限的。虽然这个寿命数据对用户至关重要,但是电主轴生产厂家一般不愿以书面形式提供,这是因为:

(1)对于机床,轴承失效形式主要不是材料表面疲劳,而是精度丧失。疲劳失效的寿命较长,而且可做较为精确的计算;而精度丧失失效的寿命相对较短,而且很难精确计算。

(2)精度寿命与使用的工况条件和用户维护的水平关系很大,而且精度丧失以后,难以分清是用户的责任还是生产厂家的责任。

在正常使用和维护的前提下,一般应保证使用寿命在 5000～10000h。但这一点上各个电主轴产品在寿命的实现上却有较大不同。采用高速、高刚度轴承,精密加工,精密装配工艺水平及配套控制系统可有效提高电主轴寿命。特别是在控制系统中增加转子动平衡系统、轴承油气润滑与精密控制、定转子温度精密控制、主轴变形及温度补偿功能,对提高电主轴的寿命更加行之有效。

7. 其他伺服性能

1) 刚性攻丝

数控机床加工内螺纹孔的方法一般有柔性攻丝和刚性攻丝两种方法。以前的加工中心为了攻丝,一般都是根据所选用的丝锥和工艺要求,在加工程序中编入一个主轴转速和正/转指令,再编写固定循环程序,在循环中给出有关数据,其中 Z 轴的进给速度是根据丝锥螺距与主轴转速的乘积计算出来的。这种加工方式虽然从表面上看主轴转速与进给速度是根据螺距配合运行的,但是主轴的转角是不受控制的,而且主轴的角度位置与 Z 轴的进给没有任何同步关系,仅仅依靠恒定的主轴转速与进给速度配合是不够的。主轴的转速在攻丝的过程中需要经历一个停止—正转—停止—反转—停止的过程,主轴要加速—制动—加速—制动,且切削过程中存在工件材质不均匀的可能,这些都会使主轴速度发生波动。对于进给 Z 轴,它的进给速度和主轴也是相似的,速度不会恒定,因此不可避免地产生误差。通常采用这种方法加工螺纹时,需要使用带弹簧伸缩装置的夹头,用它来补偿 Z 轴进给与主轴转角运动产生的螺距误差。即当 Z 轴停止时,主轴由于惯性没有立即停止,此时弹簧夹头被压缩一段距离,而当 Z 轴方向进给时,主轴正在加速,弹簧夹头被拉伸,这种方式补偿了控制方式不足造成的缺陷,可用于精度要求不高的螺纹孔加工。但对于螺纹精度要求在 6H 以上的加工场合,用这种方式主轴转速被限制在 600r/min 以下。

刚性攻丝是针对上述方式的不足而提出的,它在主轴上加装了位置编码器,把主轴的旋转角度位置反馈给数控系统形成位置闭环,同时与 Z 轴进给建立同步关系,严格保证了主轴旋转角度和 Z 轴进给尺寸的线性比例关系。因为有了这种同步关系,即使由于惯量、加减速时间常数不同,负载波动而造成的主轴转动的角度或 Z 轴移动的位置变化也不影响加工精度,因为主轴转角与 Z 轴进给是同步的,在攻丝中不论任何一方受干扰发生变化,另一方也相应变化,并永远维持线性比例关系。采用刚性攻丝加工螺纹孔,当 Z 轴攻丝到达准停位置时,主轴转动与 Z 轴进给是同时减速并同时停止的,主轴反转与 Z 轴反向进给同样保持一致。正是有了同步关系,丝锥夹头使用普通的专用夹头就可以,且只要刀具强度允许,主轴的转速能提高到 4000r/min 以上。

从电主轴控制角度来看,数控系统只要具有角度、位置控制和同步功能,机床就能进行刚性攻丝,即电主轴需要具有位置编码器反馈角度位置、控制系统设计相应的程序、信号进行采集及处理后送入机床数控系统并参与运算。

2) 准停功能

电主轴的准停功能又称定向功能,即当主轴停止时能控制其以一定的力矩准确地停止在固定位置。准停功能应用于两种场合,一种是在自动换刀的情况下,在自动换刀的镗铣加工中心上,切削时的切削转矩不能完全靠主轴锥孔的摩擦力传递,因此通常在主轴前端设置一个或两个凸键,当刀具装入主轴时,要求刀柄上的键槽与凸键对准。因此,电主轴的准停是实现加工中心自动换刀的一个重要功能,它直接影响刀具能不能顺利交换。主轴不准停在指定位置,一直慢慢转动或是停在不正确位置上,都将使加工中心无法更换刀具。另一种情况是在精镗孔后退刀时,为防止刀具因弹性恢复拉伤已精加工的内孔表面,必须先让刀再退刀,而让刀时刀具必须具有定向功能。

　　加工中心的主轴准停方法有机械式和电气式两种。机械式采用机械凸轮等机构和无触点的感应开关进行初定位,然后由定位销插入主轴上的销孔或销槽完成精定位,换刀或精镗孔完成后定位销退出,主轴方可旋转。采用这种方法结构复杂,定位较慢,因此不适合应用于电主轴上。加工中心用电主轴准停通常采用电气式定向的方法,即通过具有定向或位置控制功能的主轴驱动单元来完成,定向初始位置由电主轴编码器或主轴驱动器获得并由主轴驱动系统实现。此时的数控系统只需发出定向指令信号,然后检测主轴驱动器返回的定向完成信号即可。

　　准停过程曲线如图 1.25 所示。可以看出,电主轴驱动系统完成准停过程需要设定准停速度、用于调节定位时刚性的定位速度环增益、准停偏置(准停时位置相对于零点的位置偏差)以及准停范围(定位时精度范围)。

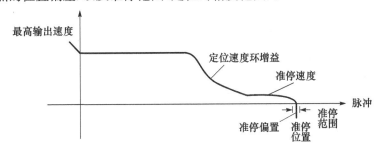

图 1.25　准停过程曲线

　　此外,加工中心用电主轴的准停功能还可由数控系统实现,但需要将主轴电机的编码器信号反馈给数控装置,并且数控系统应该工作在位置控制模式下。

　　3) 零速伺服

　　加工中心用电主轴在速度模式下,为避免零漂,当实际速度和指令速度都低于"零速"判断门限时,伺服电机驱动器自动进入位置模式,锁轴不动,这一功能称为零速伺服。要求电主轴具有零速伺服功能主要是防止伺服电机在零速时碰上干扰而出现正反抖动现象。

　　综上所述,电主轴运行性能包含的内容非常广泛,在电主轴的使用过程中,需根据机床的要求确定电主轴的性能要求,并通过机械制造及驱动控制系统实现性能要求。

参 考 文 献

[1]　周延佑,李中行.电主轴技术讲座.制造技术与机床,2003,(6):61-63.

[2]　王志新,罗文广.电机控制技术.北京:机械工业出版社,2011.

[3]　陈世坤.电机设计.北京:机械工业出版社,2004.

[4]　吴玉厚,张丽秀.高速数控机床主轴控制技术.北京:机械工业出版社,2013.

[5]　刘冬敏,薛培军.高速主轴油雾润滑的关键问题研究.机床与液压,2010,38(12):7-11.

[6]　吴玉厚,李颂华.数控机床高速主轴系统.北京:机械工业出版社,2006.

第2章 电主轴驱动方式及其基础理论

电主轴的运动控制是电主轴单元控制系统的核心部分。电主轴的变压变频调速系统一般称为变频调速系统。在调速时转差功率不随转速变化,调速范围宽,因此无论是高速还是低速时效率都较高,在采取一定的技术措施后能实现高动态性能。电主轴运动控制计划主要包含转速开环的恒压频比控制技术、转速闭环的恒压频比控制技术、矢量控制技术及直接转矩控制技术。

2.1 恒压频比控制

恒压频比调速系统是目前应用较多的一种系统,其调速性能较好,而且运行效率高,节电效果显著。这种调速方式使定子电源的端电压和频率同时可调,需要一套专门的变频装置。长期以来,变压变频调速虽然以其优良的性能受到瞩目,但由于主要靠旋转变频发电机组作为电源,缺乏理想的变频装置而未获得广泛应用。直到电力电子开关器件问世以后,各种静止式变压变频装置得到迅速发展,价格逐渐降低,才使恒压频比调速系统的应用与日俱增。下面介绍异步电动机的恒压频比调速原理。

2.1.1 恒压频比控制原理与控制方式

1. 控制原理

根据交流电动机的转速公式

$$n = n_0(1-s) = \frac{60 f_s}{p}(1-s) \tag{2.1}$$

若连续地调节 f_s,则可连续地改变电动机的转速。在电主轴运行时,若磁通太弱,则电主轴内部电动机的铁心得不到充分利用;但过分增大电动机内部磁通,铁心会饱和,导致励磁电流过大,严重时会因绕组过热而损坏电主轴。因此,电动机调速时需要保持电动机中每极磁通量为额定值不变。

在电主轴调速过程中,需要保持电主轴内部磁通恒定。由式(1.4)可知,当 f_s 在额定频率 f_N 以下调节时,为了使气隙磁通不饱和,必须控制 $|E_{rs}|/f_s$ 为常数,才能保持磁通恒定;当 f_s 在额定频率 f_N 以上调节时,电动势 $|E_{rs}|$ 因绝缘的限制不能再增加,外加电压 U_s 就只能维持在额定值不变,调速只能通过减小 Φ_m 来实现。因此,电主轴的基本控制方式包括额定频率以下以及额定频率以上两种变频

调速。

2. 控制方式

1）额定频率以下的变频调速

由式（1.4）可知，当 f_s 在额定频率 f_N 以下调节时，要保持 Φ_m 不变，必须有

$$\frac{|E_{rs}|}{f_s} = C \tag{2.2}$$

式中，C 为常数。

这种控制方式称为恒电动势频率比方式。

但是，绕组中的感应电动势是难以直接控制的，当电动势值较高时，可以忽略定子绕组的漏磁阻抗压降，由电主轴内部异步电动机的等效电路可知，$|U_s|$ 近似等于 $|E_{rs}|$，因此

$$\frac{|U_s|}{f_s} \approx C \tag{2.3}$$

这种控制方式称为恒压频比方式。值得注意的是，低频时 $|U_s|$ 和 $|E_{rs}|$ 都较小，定子漏磁阻抗压降所占的比例不可忽略，需要人为抬高电压 $|U_s|$，用于补偿定子压降，因此大多数变频装置都具有电压补偿功能。且负载大小不同，需要补偿的定子压降值也不一样，因此在驱动控制软件中，常备有不同斜率的补偿特性，以便于用户选择。

2）额定频率以上的变频调速

额定频率以上的调速，由于外加电压 $|U_s|$ 不能超过额定电压值，调速只能通过减小 Φ_m 来实现。由式（1.4）可知，频率与磁通呈反比关系，因此减少磁通，转速上升，这是弱磁升速的情况。

额定频率以上和额定频率以下的电主轴调速控制特性如图 2.1 所示。如果电主轴在不同转速时所带的负载都能使电流达到额定值，即都能在允许温升下长期运行，则转矩基本随磁通变化。按照电力拖动原理，在额定频率以下，磁通恒定时转矩也恒定，属于恒转矩调速，而额定频率以上，转速升高时转矩降低，基本属于恒功率调速。可以看出，调速系统在恒转矩调速段的电压补偿功能，即在额定频率以下，抬高 $|U_s'|$ 到 $|U_s|$，$|U_s'|$ 为无补偿的控制特性。

2.1.2 电主轴电压-频率控制的机械特性

1. 基频以下恒转矩控制的机械特性

根据电机学原理，在忽略电主轴空间和时间谐波、磁饱和以及铁损的条件下，交流异步电主轴的稳态等效电路如图 2.2 所示。

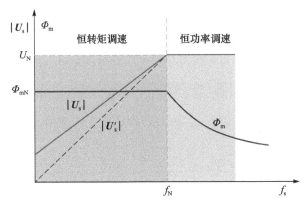

图 2.1　额定频率以上和额定频率以下的电主轴调速控制特性

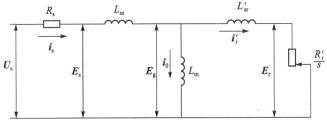

图 2.2　交流异步电主轴稳态等效电路

由图 2.2 可以得到

$$|\boldsymbol{i}_r'| = \frac{|\boldsymbol{U}_s|}{\sqrt{\left(R_s + C_s\dfrac{R_r'}{s}\right)^2 + \omega_s^2\left(L_{ss} + C_s L_{sr}'\right)^2}}$$

式中,$C_s = 1 + \dfrac{R_s + \mathrm{j}\omega_s L_{ss}}{\mathrm{j}\omega_s L_m} \approx 1 + \dfrac{L_{ss}}{L_m}$。在一般情况下存在 $L_m \gg L_{ss}$,可忽略铁损和励磁电流,故 $C_s \approx 1$。

因此,电主轴转子电流可简化为

$$|\boldsymbol{i}_r'| = \frac{|\boldsymbol{U}_s|}{\sqrt{\left(R_s + \dfrac{R_r'}{s}\right)^2 + \omega_s^2\left(L_{ss} + L_{sr}'\right)^2}} \tag{2.4}$$

根据电机学原理可知,电主轴内部三相电机电磁 $P_e = 3|\boldsymbol{i}_r'|^2\dfrac{R_r'}{s}$,同步角频率 $\omega_{ms} = \dfrac{\omega_s}{n_p}$,$n_p$ 为极对数,则异步电主轴的电磁转矩为

$$|\boldsymbol{T}_e| = \frac{P_m}{\omega_{ms}} = \frac{3n_p}{\omega_s}|\boldsymbol{i}_r'|^2\frac{R_r'}{s} = 3n_p\left(\frac{|\boldsymbol{U}_s|}{\omega_s}\right)^2\frac{s\omega_s R_r'}{(sR_s + R_r')^2 + s^2\omega_s^2(L_{ss} + L_{sr}')^2}$$

$$\tag{2.5}$$

式(2.5)是在恒压恒频供电情况下异步电主轴的机械特性方程。当负载为恒

转矩负载时,由式(2.5)可知,不同的 f_s 时,异步电动机将自动地通过改变 s 来适应和平衡负载,即电主轴可保持恒转矩调速。

当 s 很小时,可忽略式(2.5)分母中含 s 的各项,则式(2.5)可简化为

$$|\boldsymbol{T}_e| \approx 3n_p \left(\frac{|\boldsymbol{U}_s|}{\omega_s}\right)^2 \frac{s\omega_s}{R_r'} \propto s \tag{2.6}$$

式(2.6)表明,在给定角频率 ω_s 条件下,恒压频比调速中,电主轴的转矩与转差成正比,机械特性是一段直线。当 s 接近于 1 时,可忽略式(2.5)分母中的 R_r',则

$$|\boldsymbol{T}_e| \approx 3n_p \left(\frac{|\boldsymbol{U}_s|}{\omega_s}\right)^2 \frac{\omega_s R_r'}{s[R_s^2 + s\omega_s^2(L_{ss}+L_{sr}')^2]} \propto \frac{1}{s} \tag{2.7}$$

式(2.7)表明,当 s 接近 1 时,转矩近似与 s 成反比,这时,机械特性是对称于原点的一段双曲线。当 s 处于中间段时,机械特性从直线段逐渐过渡到双曲线段,恒压频比控制系统电主轴机械特性如图 2.3 所示。

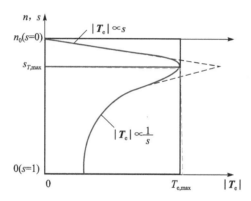

图 2.3 恒压频比控制系统电主轴机械特性

在恒压频比控制条件下,当角频率 ω_s 改变时,将式(2.6)改写为

$$s\omega_s \approx \frac{R_r'|\boldsymbol{T}_e|}{3n_p\left(\frac{|\boldsymbol{U}_s|}{\omega_s}\right)^2} \tag{2.8}$$

此时的同步转速 n_0 也随角频率变化,即

$$n_0 = \frac{60s\omega_s}{2\pi n_p} \tag{2.9}$$

带负载时的转速降低为

$$\Delta n = sn_0 = \frac{60s\omega_s}{2\pi n_p} \tag{2.10}$$

由式(2.10)可见,当 $|\boldsymbol{U}_s|/\omega_s$ 为恒值时,对于同一转矩值,$s\omega_s$ 基本不变,因而 Δn 也是基本不变的。也就是说,在恒压频比的条件下,改变频率时,机械特性基本

上平行下移,且该机械特性曲线有一最大值:

$$T_{\text{e, max}} = \frac{3}{2} n_p \left(\frac{|U_s|}{\omega_s} \right)^2 \frac{1}{\dfrac{R_s}{\omega_s} + \sqrt{\left(\dfrac{R_s}{\omega_s} \right)^2 + (L_s + L'_r)^2}} \tag{2.11}$$

因此,频率越低,最大转矩值越小。但频率很低时,最大转矩值太小,将限制电主轴的负载能力。可采用定子压降补偿,适当地提高电压,可以增强负载能力。

以上分析的机械特性都是在正弦波电压供电的情况下进行的,但由于电主轴供电多采用变频器供电,其输出波形为非正弦波形,电压源中含有谐波,将影响机械特性使其扭曲,并增加电动机中的损耗。恒压频比控制时电主轴变频调速的机械特性试验曲线如图 2.4 所示。

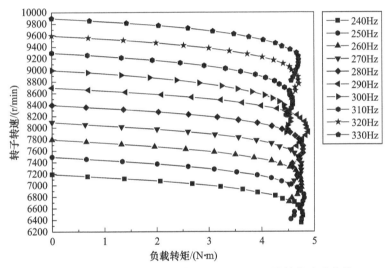

图 2.4　恒压频比控制时电主轴变频调速的机械特性试验曲线

2. 基频以上恒转矩控制的机械特性

在额定频率以上变频调速时,由于电压 $|U_s| = U_N$ 不变,式(2.5)的机械特性方程可写为

$$T_{\text{e, max}} = \frac{3}{2} n_p U_N^2 \frac{sR'_r}{\omega_s \left[(sR_s + R'_r)^2 + \sqrt{s^2 \omega_s^2 (L_s + L'_r)^2} \right]} \tag{2.12}$$

最大转矩表达式可改写为

$$T_{\text{e, max}} = \frac{3}{2} n_p U_N^2 \frac{1}{\omega_s \left[R_s + \sqrt{R_s^2 + \omega_s^2 (L_s + L'_r)^2} \right]} \tag{2.13}$$

同步转速的表达式仍为式(2.9),由此可见,当角频率提高时,同步转速随之提高,最大转矩减小,机械特性上移,但形状基本不变。基频以上变频调速的机械特性如图 2.5 所示。当电机供电频率提高而电压不变时,气隙磁通减弱,导致转矩减

小,但此时的转速提高了,输出功率基本不变。因此,基频以上变频调速属于弱磁恒功率调速。

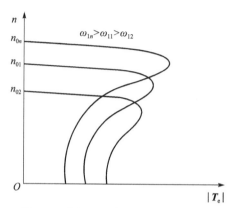

图 2.5　基频以上变频调速的机械特性

基于上述恒压频比控制,异步电机正弦脉冲宽度调制(sinusoidal PWM,SP-WM)变频调速系统如图 2.6 所示,图中 f_s^* 为控制系统最终要输出的频率指令,经过加减速时间设定环节得到逆变器实际输出的频率 f_s。设置加减速时间的目的是避免频率突变引起的转差频率过大问题的发生。f_s 经积分可得 t 时刻逆变器输出电压的相角 θ_{us},根据 f_s 和设定的 $|U_s|/f_s$ 曲线可得输出的电压 $|U_s|$ 的幅值,由 $|U_s|$ 和 θ_{us} 便可计算出所需的正弦电压,通过 SPWM 算法可得逆变器的驱动信号。

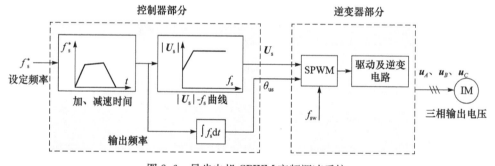

图 2.6　异步电机 SPWM 变频调速系统

2.1.3　电主轴恒压频比控制建模及仿真分析

根据图 2.6 建立电主轴 V/F 调速系统仿真模型如图 2.7 所示。模型中使用积分器用于控制频率上升速率,从而设定电动机的起动时间。在给定积分器的后面插入取整环节,使频率为整数。

SPWM 变频调速仿真模型如图 2.8 所示,该模型中包含 V/F 曲线环节。基于图 2.7 模型对电主轴定子电流及转子电流的谐波进行仿真,V/F 调速系统模型参数如表 2.1 所示。

$T=4\mathrm{N\cdot m}$ 定子、转子三相电压仿真结果如图 2.9 所示。V/F 空载速度响应如图 2.10 所示，V/F 加载 4N·m 速度响应如图 2.11 所示。比较图 2.10 和图 2.11 的仿真结果可知，V/F 控制模式下空载升速与加载（4N·m）升速两种情况下，系统达到稳定的时间基本相同，因此载荷对 V/F 控制的升速时间没有影响。

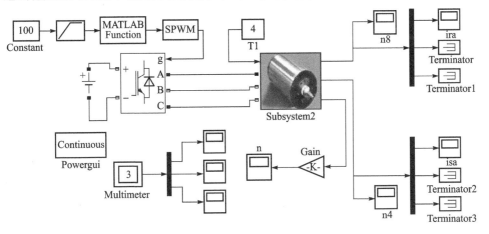

图 2.7　电主轴 V/F 调速系统仿真模型

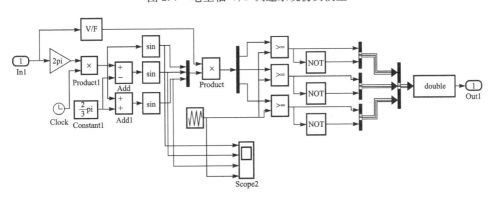

图 2.8　SPWM 变频调速仿真模型

表 2.1　V/F 调速系统模型参数

电主轴参数	积分器设置	取整设置	载波频率/Hz	逆变器直流侧电压/V	仿真精度
$U_N=350\mathrm{V}, f_N=1000\mathrm{Hz}, P=15\mathrm{kW}, R_s=0.253\Omega,$ $L_s=0.00032\mathrm{H}, R_r=0.105\Omega, L_m=0.0364\mathrm{H},$ $J=0.285\mathrm{kg\cdot m^2}, n_p=2$	1×10^4	round	1500	350	1×10^{-3}

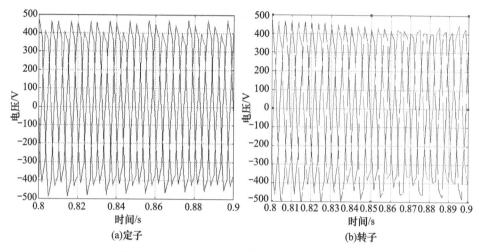

图 2.9　$T=4\text{N·m}$ 定子、转子三相电压仿真结果

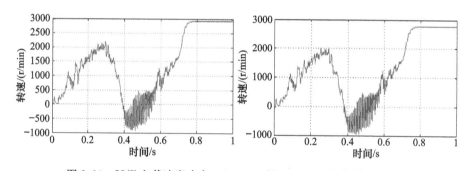

图 2.10　V/F 空载速度响应　　　　图 2.11　V/F 加载 4N·m 速度响应

2.2　矢　量　控　制

由恒压频比控制分析可知,系统的转矩增大到最大转矩后,转速再降低,转矩开始下降。最大转矩限制电主轴的承载能力,通过提高定子电压 $|U_\text{s}|$,可以增强带载能力。适当提高定子电压达到克服图 2.2 中的定子阻抗压降,可实现 $|E_\text{s}|/\omega_\text{s}$ 保持为恒定值。相对于 $|U_\text{s}|/\omega_\text{s}$ 恒定,$|E_\text{s}|/\omega_\text{s}$ 恒定时机械特性的最大转矩不变,因此具有更好的稳定性。如果把定子电压再进一步提高,进而补偿转子漏抗压降,使得 $|E_\text{r}|/\omega_\text{s}$ 为恒定值,那么根据图 2.2 可知:

$$|i'_\text{r}|=\frac{|E_\text{r}|}{R'_\text{s}/s} \tag{2.14}$$

将式(2.14)代入式(2.5),可得

$$|T_\text{e}|=\frac{P_\text{m}}{\omega_\text{ms}}=\frac{3m_\text{p}}{\omega_\text{s}}|i'_\text{r}|^2\frac{R'_\text{r}}{s}=3n_\text{p}\frac{s^2|E_\text{r}|^2}{\omega_\text{s}R'^2_\text{r}}\frac{R'_\text{r}}{s}=3n_\text{p}\frac{|E_\text{r}|}{\omega_\text{s}}\frac{s\omega_\text{s}}{R'_\text{r}} \tag{2.15}$$

可以看出,这时的机械特性为一条直线,具有更好的稳态性能。这也正是高性能交流变频调速所要求的性能,从而问题转化为如何获得恒定的 $|E_r|/\omega_s$。按照式(1.4)所表达的电动势与磁通的关系,气隙磁通的感应电动势 $|E_s|$ 对应于气隙磁通的幅值 Φ_m,转子全磁通的感应电动势对应于转子全磁通的幅值 Φ'_m,有

$$|E_r|=4.44f_sN_sK_{Ns}\Phi'_m \tag{2.16}$$

因此,只要能控制转子全磁通幅值 Φ'_m 保持恒定,就可以实现 $|E_r|/\omega_s$ 恒定。这正是矢量控制系统所遵循的原则。

2.2.1　坐标变换

1. 三相-两相变换(3/2、2/3 变换)

三相异步电机定子三相绕组都嵌在定子铁心槽中,空间互差 120° 电角度,且固定不动。依据电机学原理,完全可以用空间上互相垂直的两个静止绕组 α、β 来代替异步电机三相定子绕组 A、B、C 的作用,前提是保证三相坐标系下的旋转磁动势与两相坐标系下的旋转磁动势相等。当 α 轴与 A 轴重合时,它们之间有固定的变换关系:

$$\begin{bmatrix}|i_\alpha|\\|i_\beta|\\|i_0|\end{bmatrix}=\sqrt{\frac{2}{3}}\begin{bmatrix}1&-\frac{1}{2}&-\frac{1}{2}\\0&\frac{\sqrt{3}}{2}&-\frac{\sqrt{3}}{2}\\\frac{1}{\sqrt{2}}&\frac{1}{\sqrt{2}}&\frac{1}{\sqrt{2}}\end{bmatrix}\begin{bmatrix}|i_A|\\|i_B|\\|i_C|\end{bmatrix} \tag{2.17}$$

式中,$|i_A|$ 为 A 相定子电流瞬时值;$|i_B|$ 为 B 相定子电流瞬时值;$|i_C|$ 为 C 相定子电流瞬时值;$|i_\alpha|$ 为 α 相定子电流瞬时值;$|i_\beta|$ 为 β 相定子电流瞬时值。

上述变换关系对其他物理量同样成立,该变换前后电机的总功率不变。一般情况下,交流异步电机是三相平衡系统,即 $i_A+i_B+i_C=0$,故矩阵的第三行系数为零,变换矩阵可表示为

$$C_{3/2}=\sqrt{\frac{2}{3}}\begin{bmatrix}1&-\frac{1}{2}&-\frac{1}{2}\\0&\frac{\sqrt{3}}{2}&-\frac{\sqrt{3}}{2}\end{bmatrix} \tag{2.18}$$

如果要从两相坐标系变换到三相坐标系(2/3 变换),那么可利用增广矩阵的方法把 $C_{3/2}$ 扩成方阵。求其逆矩阵后,再除去增加的一列,即得

$$\boldsymbol{C}_{2/3} = \sqrt{\frac{2}{3}} \begin{bmatrix} 1 & 0 \\ -\dfrac{1}{2} & \dfrac{\sqrt{3}}{2} \\ -\dfrac{1}{2} & \dfrac{\sqrt{3}}{2} \end{bmatrix} \tag{2.19}$$

因此,2/3 变换式为

$$\begin{bmatrix} |i_A| \\ |i_B| \\ |i_C| \end{bmatrix} = \boldsymbol{C}_{2/3} \begin{bmatrix} |i_\alpha| \\ |i_\beta| \end{bmatrix} \tag{2.20}$$

2. 两相-两相旋转变换(2s/2r 变换)

从两相静止坐标系 $\alpha\beta$ 到两相旋转坐标系 d-q 或坐标系 M-T 的变换称为两相-两相旋转变换(2s/2r变换),其中 s 表示静止,r 表示旋转。在保证 $\alpha\beta$ 坐标系下的两相交流电流(i_α,i_β)和 d-q 坐标系下的两个直流电流(i_d,i_q)产生同样的以同步转速 ω_s 旋转的合成磁动势。两相旋转坐标系变换到两相静止坐标系的变换矩阵为

$$\boldsymbol{C}_{2r/2s} = \begin{bmatrix} \cos\theta & \sin\theta \\ -\sin\theta & \cos\theta \end{bmatrix} \tag{2.21}$$

式中,θ 为 α 轴和 d 轴的夹角。

对式(2.21)求逆,即得两相静止坐标系变换到两相旋转坐标系的变换矩阵为

$$\boldsymbol{C}_{2s/2r} = \begin{bmatrix} \cos\theta & -\sin\theta \\ \sin\theta & \cos\theta \end{bmatrix} \tag{2.22}$$

2.2.2　电主轴动态数学模型

电主轴的数学模型是一个高阶、非线性、强耦合、多变量的系统,在标量控制中仍采用单变量系统的控制方法,因此动态性能不够理想。为了提高电主轴的动态性能,需建立电主轴的动态数学模型。电主轴的动态数学模型的特点如下:

(1) 异步电主轴变压变频调速时需要进行电压(或电流)和频率的协调控制,有电压(电流)和频率两种独立的输入变量,输出变量包括转速及磁通。因为电主轴只有一个三相输入电源,磁通的建立和转速的变化是同时进行的,为了获得良好的动态性能,需要对磁通进行控制,即保持磁通的恒定,获得较大的动态转矩。

(2) 在异步电主轴中,电流与磁通的乘积为转矩,转速与磁通的乘积为电动势,它们都是同时变化的,在数学模型中就含有两个变量的乘积项,因此是非线性的。

(3) 三相异步电主轴定子有三个绕组,转子也可等效为三个绕组,每个绕组产

生磁通时都有自己的电磁惯性,再加上运动系统的机电惯性,和转速与转角的积分关系,电主轴数学模型至少是八阶系统。

在研究电主轴动态过程时,为了避免数学上和物理概念上的复杂性,能用易于理解的动态方程来表达其异步电机主要参数和状态变量之间的关系,又能接近主轴电机的实际状况,通常假设如下[1]:

(1) 电主轴铁心的磁导率 μ_c 为无穷大,不考虑铁心饱和的影响,从而可以利用叠加原理来计算在电机各个绕组电流共同作用下产生的气隙合成磁场。

(2) 忽略空间谐波,略去齿槽影响及齿谐波,设三相绕组对称(在空间上互差120°),所产生的磁动势沿气隙圆周按正弦分布。

(3) 不考虑频率和温度变化对绕组电阻的影响,无论绕线式还是鼠笼式的,都将它等效为绕线式转子,并折算到定子侧,折算后每相匝数都相等。

电机的电压和电流都是在静止坐标系中测量得到的,因此在静止坐标系中描述电机模型将非常方便。经过坐标变换,将电主轴电机在三相静止坐标系上的电压方程变换到两相静止坐标系上,可以简化模型并获得常参数的电压方程。

1. 电压方程

由电机学可知,在静止 $\alpha\beta$ 坐标系下,两相异步电动机定、转子绕组平衡方程式为

$$\begin{cases} u_{s\alpha}=R_s i_{s\alpha}+\rho\psi_{s\alpha} \\ u_{s\beta}=R_s i_{s\beta}+\rho\psi_{s\beta} \\ 0=R_r i_{r\alpha}+\rho\psi_{r\alpha}+\omega\psi_{r\alpha} \\ 0=R_r i_{r\beta}+\rho\psi_{r\beta}+\omega\psi_{r\beta} \end{cases} \tag{2.23}$$

磁链方程为

$$\begin{cases} \psi_{s\alpha}=L_s i_{s\alpha}+L_m\psi_{s\alpha} \\ \psi_{s\beta}=L_s i_{s\beta}+L_m\psi_{s\beta} \\ \psi_{r\alpha}=L_r i_{r\alpha}+L_m\psi_{r\alpha} \\ \psi_{r\beta}=L_r i_{r\beta}+L_m\psi_{r\beta} \end{cases} \tag{2.24}$$

将式(2.24)代入式(2.23),并整理得电压电流关系的矩阵方程为

$$\begin{bmatrix} u_{s\alpha} \\ u_{s\beta} \\ 0 \\ 0 \end{bmatrix} = \begin{bmatrix} R_s+L_s\rho & 0 & L_m\rho & 0 \\ 0 & R_s+L_s\rho & 0 & L_m\rho \\ L_m\rho & L_m\omega & R_r+L_r\rho & L_r\omega \\ -L_m\omega & L_m\rho & -L_r\omega & R_r+L_r\rho \end{bmatrix} \begin{bmatrix} i_{s\alpha} \\ i_{s\beta} \\ i_{r\alpha} \\ i_{r\beta} \end{bmatrix} \tag{2.25}$$

式中,$u_{s\alpha}$ 为 α 相定子电压瞬时值;$u_{s\beta}$ 为 β 相定子电压瞬时值;$i_{s\alpha}$ 为 α 相定子电流瞬时值;$i_{s\beta}$ 为 β 相定子电流瞬时值;$\psi_{s\alpha}$ 为 α 相定子磁链瞬时值;$\psi_{s\beta}$ 为 β 相定子磁链瞬

时值;$\psi_{r\alpha}$ 为转子磁链矢量的 α 分量;$\psi_{r\beta}$ 为转子磁链矢量的 β 分量;$\omega\psi_{r\alpha}$ 为转子速度电动势矢量的 α 分量;$\omega\psi_{r\beta}$ 为转子速度电动势矢量的 β 分量;R_s 为定子绕组电阻;R_r 为转子绕组电阻;L_s 为定子电感;L_r 为转子电感;L_m 为定转子互感;ω 为转子角频率;ρ 为微分算子,$\rho=\mathrm{d}/\mathrm{d}t$。

对式(2.25)进行变换,可得

$$\begin{bmatrix} u_{s\alpha} \\ u_{s\beta} \\ 0 \\ 0 \end{bmatrix} = \begin{bmatrix} R_s & 0 & 0 & 0 \\ 0 & R_s & 0 & 0 \\ 0 & L_m\omega & R_r & L_r\omega \\ -L_m\omega & 0 & -L_r\omega & R_r \end{bmatrix} \begin{bmatrix} i_{s\alpha} \\ i_{s\beta} \\ i_{r\alpha} \\ i_{r\beta} \end{bmatrix} + \begin{bmatrix} L_s\rho & 0 & L_m\rho & 0 \\ 0 & L_s\rho & 0 & L_m\rho \\ L_m\rho & 0 & L_r\rho & 0 \\ 0 & L_m\rho & 0 & L_r\rho \end{bmatrix} \begin{bmatrix} i_{s\alpha} \\ i_{s\beta} \\ i_{r\alpha} \\ i_{r\beta} \end{bmatrix}$$

$$(2.26)$$

在这个方程中,考虑到电主轴内部转子的角频率 ω 的变化要比电流变化慢得多,故在仿真过程中,每计算一步电流时,可暂不考虑 ω 的变化,把它看成常量。等电流计算结束后,再求解运动方程,对速度进行调整。

根据上面的假设,对式(2.26)进行变换,得到以电流为状态变量、电压为输入量的状态方程为

$$\begin{bmatrix} \rho i_{s\alpha} \\ \rho i_{s\beta} \\ \rho i_{r\alpha} \\ \rho i_{r\beta} \end{bmatrix} = \frac{1}{L_sL_r-L_m^2} \begin{bmatrix} -R_sL_r & L_m^2\omega & R_rL_m & L_rL_m\omega \\ -L_m^2\omega & -R_sL_r & -L_rL_m\omega & R_rL_m \\ R_sL_m & -L_sL_m\omega & -R_rL_s & -L_sL_r\omega \\ L_sL_m\omega & R_sL_m & L_sL_r\omega & -R_rL_s \end{bmatrix} \begin{bmatrix} i_{s\alpha} \\ i_{s\beta} \\ i_{r\alpha} \\ i_{r\beta} \end{bmatrix} + \begin{bmatrix} L_r & 0 \\ 0 & L_r \\ -L_m & 0 \\ 0 & -L_m \end{bmatrix} \begin{bmatrix} u_{s\alpha} \\ u_{s\beta} \end{bmatrix}$$

$$(2.27)$$

由于

$$\begin{bmatrix} i_{s\alpha} \\ i_{s\beta} \\ \psi_{r\alpha} \\ \psi_{r\beta} \end{bmatrix} = \begin{bmatrix} 1 & 0 & 0 & 0 \\ 0 & 1 & 0 & 0 \\ L_s & 0 & L_m & 0 \\ 0 & L_s & 0 & L_m \end{bmatrix} \begin{bmatrix} i_{s\alpha} \\ i_{s\beta} \\ i_{r\alpha} \\ i_{r\beta} \end{bmatrix} \quad (2.28)$$

利用式(2.28)对式(2.27)做非奇异变换,得到以定子电流及定子磁链为状态变量的异步电动机状态方程为

$$\begin{bmatrix} \rho i_{s\alpha} \\ \rho i_{s\beta} \\ \rho i_{r\alpha} \\ \rho i_{r\beta} \end{bmatrix} = \begin{bmatrix} -\dfrac{R}{L} & -\omega & \dfrac{1}{TL} & \dfrac{\omega}{L} \\ \omega & -\dfrac{R}{L} & -\dfrac{\omega}{L} & \dfrac{1}{TL} \\ -R_s & 0 & 0 & 0 \\ 0 & -R_s & 0 & 0 \end{bmatrix} \begin{bmatrix} i_{s\alpha} \\ i_{s\beta} \\ i_{r\alpha} \\ i_{r\beta} \end{bmatrix} + \begin{bmatrix} \dfrac{1}{L} & 0 \\ 0 & \dfrac{1}{L} \\ 1 & 0 \\ 0 & 1 \end{bmatrix} \begin{bmatrix} u_{s\alpha} \\ u_{s\beta} \end{bmatrix} \quad (2.29)$$

式中,

$$T=\frac{L_r}{R_r}, \quad L=L_s-\frac{L_m^2}{L_r}, \quad R=R_s+R_r\frac{L_s}{L_r}$$

2. 转矩方程

电磁转矩通过定子电流和定子磁链计算,即

$$|\boldsymbol{T}_e|=\frac{3}{2}n_p(\psi_{s\alpha}i_{s\beta}-\psi_{s\beta}i_{s\alpha}) \tag{2.30}$$

3. 运动方程

运动方程为

$$|\boldsymbol{T}_e|-T_l=\frac{J}{n_p}\frac{d\omega}{dt} \tag{2.31}$$

式中,$|\boldsymbol{T}_e|$ 为电磁转矩;T_l 为负载转矩;n_p 为电机极对数;J 为电机的转动惯量。

4. 定子磁链方程

定子磁链方程为

$$\psi_s=\int(|\boldsymbol{U}_s|-R_s|\boldsymbol{i}_s|)dt \tag{2.32}$$

式(2.30)~式(2.32)为异步电主轴在两相静止坐标系下以定子电流和定子磁链为状态变量的动态数学模型。

2.2.3　电主轴矢量控制

矢量控制的基本原理如图 2.12 所示。图中,VR 变换为同步旋转变换。把交流电动机解析成直流电动机,磁场和其正交的电流的积就是转矩,因此交流电动机的定子电流可分解成建立磁场的激磁分量和与磁场正交的产生转矩的转矩分量,然后分别进行控制和调节,即实现了定子电流解耦。矢量控制技术也称为磁场定向技术,即把磁场矢量的方向作为电动机电压、电流和磁链矢量的方向。其基本特

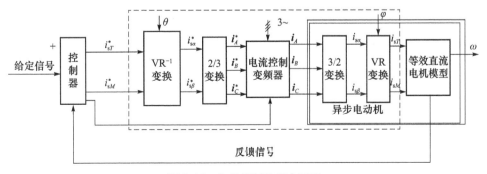

图 2.12　矢量控制的基本原理

点是控制转子磁链,以转子磁链这一旋转的空间矢量为参考坐标,把定子电流分解为独立的励磁分量和转矩分量,并分别进行控制。这样,通过坐标变换重建的电动机模型就可以等效为直流电动机。矢量控制通过坐标变换将交流异步电动机模型等效为直流电动机,实现了电动机转矩和电动机磁通的解耦,达到对瞬时转矩的控制[2,3]。

2.2.4　无速度传感器矢量控制系统建模与仿真分析

高性能的交流电主轴控制系统,一方面要求负载恒定条件下的调速过程中保证磁场的恒定,即对磁场的控制;另一方面要求负载扰动情况下,能够输出相应的转矩并保持转速的恒定,即对转矩的控制。矢量控制是目前交流电动机的先进控制方式之一。异步电动机的定子交流电流 i_A、i_B、i_C,通过三相-两相变换可以等效成两相静止坐标系下的交流电流,通过同步旋转变换,可以等效成同步旋转坐标系下的直流分量,分别等效于直流电动机的励磁电流和转矩电流。矢量控制的基本思路是将定子电流含有的励磁和转矩分别进行控制,然后合成并转换成为对变频器参数的控制信号,模仿直流调速系统的控制特点实现对电磁转矩的有效控制。由于磁场的控制难以通过工程手段进行实时控制,需要通过对磁链的计算实现间接的控制,从而需要获得转子磁链的相关模型。

1. 两相静止坐标系下的转子磁链电流模型及电压模型

由式(2.26)可知定子回路的电压方程为

$$\begin{cases} u_{s\alpha}=R_s i_{s\alpha}+L_s \dfrac{di_{s\alpha}}{dt}+L_m \dfrac{di_{r\alpha}}{dt} \\ u_{s\beta}=R_s i_{s\beta}+L_s \dfrac{di_{s\beta}}{dt}+L_m \dfrac{di_{r\beta}}{dt} \end{cases} \tag{2.33}$$

在两相静止坐标系下,转子磁链在 α、β 轴上的分量为

$$\begin{cases} \psi_{r\alpha}=L_m i_{s\alpha}+L_r i_{r\alpha} \\ \psi_{r\beta}=L_m i_{s\beta}+L_r i_{r\beta} \end{cases} \tag{2.34}$$

因此,转子回路电流方程为

$$\begin{cases} i_{r\alpha}=\dfrac{1}{L_r}(\psi_{r\alpha}-L_m i_{s\alpha}) \\ i_{r\beta}=\dfrac{1}{L_r}(\psi_{r\beta}-L_m i_{s\beta}) \end{cases} \tag{2.35}$$

对于鼠笼式异步电主轴,在两相静止坐标系电压方程中,$u_{r\alpha}=u_{r\beta}=0$,且将式(2.35)代入式(2.34),可得异步电动机转子磁链电流模型方程为

$$\begin{cases} \psi_{r\alpha} = \dfrac{1}{\tau_r p + 1}(L_m i_{s\alpha} - \omega \tau_r \psi_{r\beta}) \\ \psi_{r\beta} = \dfrac{1}{\tau_r p + 1}(L_m i_{s\beta} + \omega \tau_r \psi_{r\alpha}) \end{cases} \tag{2.36}$$

式中，τ_r 为转子电磁时间常数，$\tau_r = \dfrac{L_m}{R_r}$。

根据式(2.33)和式(2.36)，可得转子磁链的电压方程为

$$\begin{cases} \psi_{r\alpha} = \dfrac{L_r}{L_m}\left[\displaystyle\int_0^T (u_{s\alpha} - R_s i_{s\alpha})\mathrm{d}t - \sigma L_s i_{s\alpha}\right] \\ \psi_{r\beta} = \dfrac{L_r}{L_m}\left[\displaystyle\int_0^T (u_{s\beta} - R_s i_{s\beta})\mathrm{d}t - \sigma L_s i_{s\beta}\right] \end{cases} \tag{2.37}$$

2. 转子磁场定向两相旋转坐标系下的转子磁链电流模型

为使交流异步电机的控制与直流电机的控制等效，需要把定子电流、转子磁链等效变换到两相旋转坐标系下，此处的两相旋转坐标系是指与转子磁场的旋转同步，分别以转子磁链方向及与转子磁链垂直的方向为坐标建立坐标系，即 M-T 坐标系。将有关坐标变换的过程略去，经变换后，式(2.26)可等价为

$$\begin{bmatrix} u_{sM} \\ u_{sT} \\ 0 \\ 0 \end{bmatrix} = \begin{bmatrix} R_s + L_s p & -\omega_s L_s & L_m p & -\omega_s L_m \\ \omega_s L_s & R_s + L_s p & \omega_s L_m & L_m p \\ p L_m & 0 & R_r + L_r p & 0 \\ \omega_s L_m & 0 & -\omega_s L_r & R_r + L_r p \end{bmatrix} \begin{bmatrix} i_{sM} \\ i_{sT} \\ i_{rM} \\ i_{rT} \end{bmatrix} \tag{2.38}$$

根据式(2.38)可得两相旋转坐标系下转子磁链方程为

$$\psi_r = \dfrac{L_m}{\tau_r p + 1} i_{sM} \tag{2.39}$$

式中，i_{sM} 为定子电流的励磁分量。

根据电磁原理求出的转子所受到的电磁转矩为

$$|\boldsymbol{T}_e| = n_p \dfrac{L_m}{L_r} i_{sT} \psi_r \tag{2.40}$$

式中，i_{sT} 为定子电流的转矩分量。

将式(2.39)代入式(2.40)，得到由定子电流两个分量表示的电磁转矩方程为

$$|\boldsymbol{T}_e| = n_p \dfrac{L_m^2}{L_r} \dfrac{1}{\tau_r p + 1} i_{sT} i_{sM} \tag{2.41}$$

由式(2.41)可知，对电磁转矩的控制需要控制定子电流的两个分量。由式(2.39)可知，控制定子电流分量的同时也间接控制转子磁链。由式(2.38)方程第四行可以得出

$$\omega_{s}=\frac{L_{m}i_{sT}}{\tau_{r}\psi_{r}} \tag{2.42}$$

式(2.42)表明,在矢量控制系统中,磁链的闭环控制需要通过转速的闭环控制实现。为了实现转速的闭环控制和磁场定向,电动机的转速检测是必不可少的,并且转速检测的精度直接影响磁场定向的准确性。但转速的检测为电主轴的结构提出了更高的要求,因此从电动机的模型入手,推算出电动机的实际转速,实现无速度传感器的矢量控制成为交流调速的重要手段。无速度传感器的速度推算一般都是在检测电动机的电压、电流的基础上,通过电动机数学模型和矢量控制方程来推算的。模型参考自适应的速度推算是常用的方法之一。模型参考自适应是利用转子磁链的电压方程和电流方程分别计算转子磁链,电压模型不含角频率 ω 项,而电流模型包含 ω 项。利用电压模型的输出作为转子磁链的期望值,电流模型的输出作为转子磁链的推算值,计算电动机转速 ω_{r},其关系为

$$\omega_{r}=\left(K_{p}+\frac{K_{i}}{s}\right)(\hat{\psi}_{r\alpha}\psi_{r\beta}^{*}-\hat{\psi}_{r\beta}\psi_{r\alpha}^{*}) \tag{2.43}$$

式中,$\psi_{r\alpha}^{*}$、$\psi_{r\beta}^{*}$ 为按电压方程计算的转子磁链;$\hat{\psi}_{r\alpha}$、$\hat{\psi}_{r\beta}$ 为按电流方程计算的转子磁链。

转速推算模型如图 2.13 所示,推算模型的 1~4 输入端,分别接入电动机定子三相电压和电流,经过 3s/2s 坐标变换,再由磁链电压模型计算 $\psi_{r\alpha}^{*}$、$\psi_{r\beta}^{*}$;推算模型利用矢量控制模型中转子磁链电流模型输出的磁链信号 ψ_r 和 sin-cos,经直角坐标变换得到转子磁链在 α、β 轴上的分量 $\hat{\psi}_{r\alpha}$、$\hat{\psi}_{r\beta}$,然后按式(2.43)计算得到电动机转速。

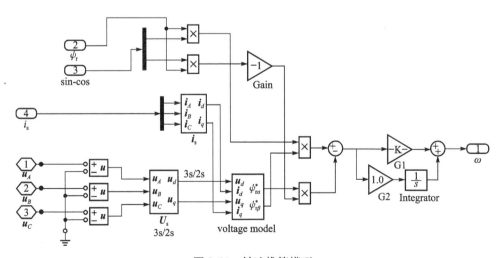

图 2.13　转速推算模型

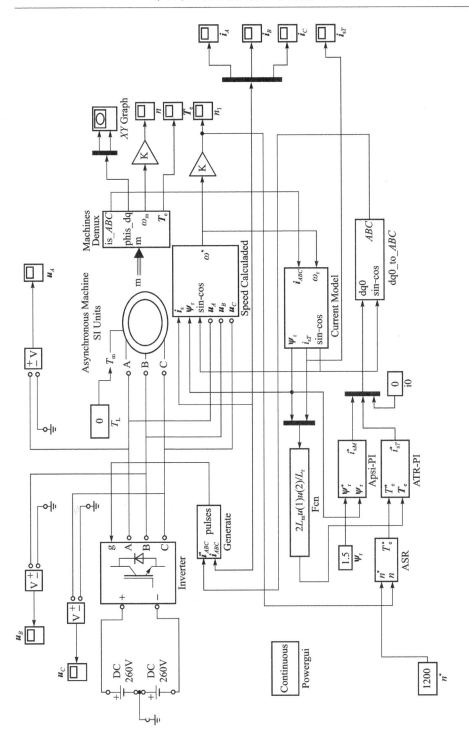

图 2.14　无速度传感器矢量控制系统仿真模型

　　无速度传感器矢量控制系统仿真模型如图 2.14 所示。模型中逆变器的驱动信号由滞环脉冲发生器模块产生。三个调节器 ASR、ATR-PI 和 Apsi-PI 均带输出限幅的 PI 调节器。转子磁链观测使用式(2.39)电流模型。函数模块根据式(2.40)计算电磁转矩。dq0-to-abc 模块用于 2r/3s 的坐标变换。VC 调速系统模型参数如表 2.2 所示。

表 2.2　VC 调速系统模型参数

电主轴参数	转速推算模块	转速调节器 ASR	转矩调节器 ATR-PI	磁链调节器 Apsi-PI
$U_N=380V$，$f_N=300Hz$，$P=9kW$，$R_s=1.13\Omega$，$L_s=0.001H$，$R_r=2.8\Omega$，$L_m=0.026H$，$L_{rr}=0.001H$，$J=0.00258(kg \cdot m^2)$，$n_p=1$	比例放大系数 $G_1=3000$，积分放大系数 $G_2=1.0$	比例放大系数 $G_1=3.8$，积分放大系数 $G_2=0.8$	比例放大系数 $G_1=4.5$，积分放大系数 $G_2=12$	比例放大系数 $G_1=1.8$，积分放大系数 $G_2=100$

　　利用图 2.14 所示的无速度传感器的矢量控制系统的仿真模型对该电主轴进行仿真试验,VC 控制模式下的磁链、输出转矩及空载升速时间分别如图 2.15～图 2.17 所示,可以看出无速度传感器矢量控制系统模型的正确性。

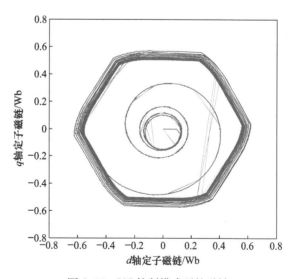

图 2.15　VC 控制模式下的磁链

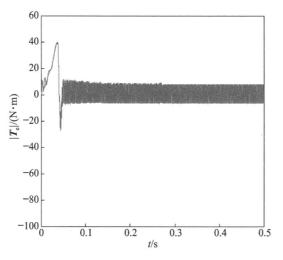

图 2.16　VC 控制模式下的输出转矩

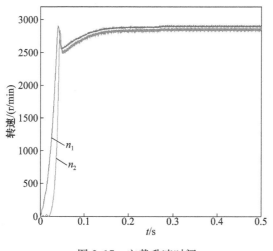

图 2.17　空载升速时间

2.3　直接转矩控制

直接转矩控制系统是一种高性能交流电机变频调速系统。其特点是直接计算电动机的电磁转矩并由此构成转矩反馈,具有控制结构简单、控制手段直接、信号处理的物理概念明确、动态性能好等优势。近年来直接转矩控制备受到研究者的关注,有关直接转矩控制的研究也越来越多[4~9]。而直接转矩最核心的问题之一是定子磁链观测,定子磁链的观测要用到定子电阻。因此,研究电主轴定子电阻的影响因素及变化规律至关重要。

2.3.1 直接转矩控制原理

电磁转矩可以表示为定子磁链空间矢量 $\boldsymbol{\psi}_s$ 和定子电流空间矢量 $\boldsymbol{i}_s$ 的叉乘形式：

$$\boldsymbol{T}_e = n_p \boldsymbol{\psi}_s \times \boldsymbol{i}_s \tag{2.44}$$

在定子坐标系中，定子磁链和转子磁链的空间矢量为

$$\begin{cases} \boldsymbol{\psi}_s = L_s \boldsymbol{i}_s + L_m \boldsymbol{i}_r \\ \boldsymbol{\psi}_r = L_m \boldsymbol{i}_s + L_r \boldsymbol{i}_r \end{cases} \tag{2.45}$$

因此，转子电流可表示为

$$\boldsymbol{i}_r = \frac{1}{L_r}(\boldsymbol{\psi}_r - L_m \boldsymbol{i}_s) \tag{2.46}$$

将式(2.46)代入式(2.45)，可得定子电流空间矢量为

$$\boldsymbol{i}_s = \frac{\boldsymbol{\psi}_s}{L_s'} - \frac{L_m}{L_r L_s'} \boldsymbol{\psi}_r \tag{2.47}$$

将式(2.47)代入式(2.44)中，可得电磁转矩的另一表达形式：

$$|\boldsymbol{T}_e| = n_p \frac{L_m}{L_r L_s'} |\boldsymbol{\psi}_s| |\boldsymbol{\psi}_r| \sin\delta_{sr} \tag{2.48}$$

式中，δ_{sr} 为定子磁链和转子磁链矢量的空间电角度。

在定子磁链矢量作用下，转子磁链矢量的变化滞后于定子磁链的变化，可以认为在短时间内转子磁链的矢量不变，此时只要保持定子磁链矢量的幅值不变即可。电磁转矩控制的实质就是控制定子磁链和转子磁链的空间相对位置。

在直接转矩控制中，定子磁链矢量 $\boldsymbol{\psi}_s$ 幅值和相位的变化是依靠改变外加电压矢量 $\boldsymbol{U}_s$ 实现的。$\boldsymbol{U}_s$ 的改变可以改变 $\boldsymbol{\psi}_s$ 相对 $\boldsymbol{\psi}_r$ 的旋转速度，使其超前、滞后或停止，也就是改变 δ_{sr} 来控制电磁转矩。

直接转矩控制系统的基本结构如图2.18所示[4]。根据图2.18，直接转矩控制技术的原理可以描述为：

(1) 在采用定子磁场定向的坐标系下，将实时检测到的逆变器输出电压(定子电压)进行三相/两相变换。

(2) 把得到的两相电压和由主轴电机模型输出的两相定子电流送入磁链观测模型中，由此得到两相定子磁链 $\psi_{s\alpha}$ 和 $\psi_{s\beta}$，进一步运算后可得到磁链幅值 ψ_{sf}。

(3) 将两相定子磁链和由主轴电机模型输出的两相定子电流送入转矩观测模型中，由此可以得到实际电磁转矩 T_{ef}。

（4）将前两步计算得到的定子磁链幅值及实际的电磁转矩分别送入磁链调节器和转矩调节器进行滞环比较。其中，磁链调节器根据 ψ_{sf} 与给定参考磁链幅值 ψ_{sg} 的偏差 $|\Delta\boldsymbol{\psi}_s|$ 进行磁链两点式调节，使定子磁链偏差维持在给定的磁链容差 $|\Delta\boldsymbol{\psi}_s|$ 范围内，实现磁链的自控制；转矩调节器根据实际的电磁转矩 T_{ef} 与给定电磁转矩 T_{eg} 的偏差进行转矩三点式调节，使电磁转矩维持在转矩给定容差 ε_T 范围内，实现对转矩的控制。磁链滞环比较器的输出为磁链调节信号 ψ_q，转矩滞环比较器的输出为转矩调节信号 T_q。

（5）利用两相定子磁链 $\psi_{s\alpha}$ 和 $\psi_{s\beta}$ 得到磁链空间角 θ，并由磁链的空间角判断出磁链所在的扇区。

完成了以上计算之后，开关状态选择单元依据尽可能减少逆变器开关损耗和尽可能加快转矩响应的原则，结合磁链调节信号、转矩调节信号和扇区信号选择出最优的开关状态和应该采用的电压矢量，促使定子磁链幅值和转矩都达到给定的参考值。

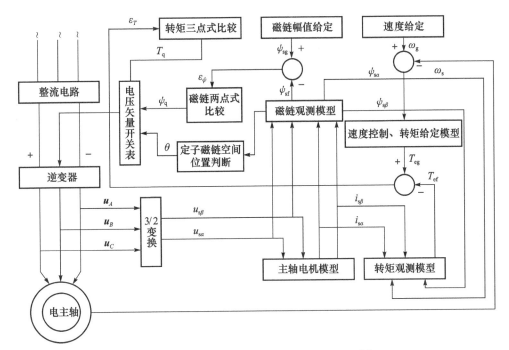

图 2.18　直接转矩控制系统的基本结构图[4]

在电主轴定子三相轴系中，定子电压矢量方程为 $\boldsymbol{u}_s = R_s \boldsymbol{i}_s + \dfrac{\mathrm{d}\boldsymbol{\psi}_s}{\mathrm{d}t}$，因此定子磁链矢量和定子电压矢量之间有微分或积分关系，即定子电压矢量作用的很短时间内，定子磁链的增量等于定子电压和作用时间的乘积，定子磁链增量的方向与外加电压的方向相同,也就是说,定子磁链变化的轨迹与所加定子电压同向,轨迹的变化速率等于 u_s,当 u_s 不变时,定子磁链恒定不变。

在直接转矩控制中,通常设定定子参考磁链 ψ_{sref} 的运行轨迹为一圆形,然后对定子磁链 ψ_s 采取滞环控制,即将 ψ_s 的幅值控制在滞环的上下带宽内,滞环的总带宽为 $2|\Delta\psi_s|$,上下限分别为 $|\psi_{sref}|+|\Delta\psi_s|$ 和 $|\psi_{sref}|-|\Delta\psi_s|$。定子电压空间矢量调制与定子磁链矢量如图 2.19 所示,将空间复平面分为六个区间,每个空间的范围以定子电压空间矢量为中线,各向前后扩展 $30°$ 电角度。控制时,如果电子磁链矢量位于第 1 个区间的 G_0 点,并假定定子磁链需要逆时针旋转,G_0 点位于滞环的上限值,因此必须减小磁链,可以选择 $u_{s(k+2)}$、$u_{s(k-2)}$、$u_{s(k+3)}$ 即 u_{s3}、u_{s5}、u_{s4} 使其幅值减小(若需要增大磁链,则选择 u_{sk}、$u_{s(k-1)}$、$u_{s(k+1)}$)。此处,选择电压开关矢量 u_{s3},在 u_{s3} 的作用下,定子磁链由 G_0 点迅速到达 G_1 点,而 G_1 点位于 2 区,并且仍然位于滞环的上限,需要继续减小,按照上述原则,选择开关电压矢量 u_{s4},于是定子磁链运动到 G_2 点。G_2 点位于滞环比较的下限值,因此需要增加磁链的幅值,可以选择电压空间矢量 u_{s3} 或 u_{s1},选择 u_{s3} 使定子磁链继续逆时针旋转,这时 δ_{sr} 增大,电磁转矩增加。选择 u_{s1} 使定子磁链反向旋转,这时的 δ_{sr} 减小,电磁转矩减小。定子磁链偏差被限制在滞环比较器的带宽内,带宽分别是 $2|\Delta\psi_s|$。磁链滞环比较器的带宽直接影响定子磁链矢量运行轨迹偏离圆形轨迹的程度,也就是决定磁场正弦分布的差异。当 $|\Delta\psi_s|$ 过大时,会使定子磁场产生低次谐波,从而使定子电流发生较大的畸变。当 $|\Delta\psi_s|$ 过小时,会增大逆变器的开关频率和损耗。为获得定子磁链偏差,需要预先知道其实际值,在直接转矩控制中,定子磁链的实际值是根据定子电压、电流和转速的检测值以及电动机参数进行估计后获得的。定子磁链的估

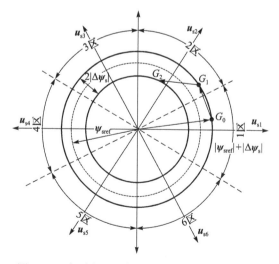

图 2.19　定子电压空间矢量调制与定子磁链矢量

计方法有电压-电流模型法、电流-速度模型法和电压-速度模型法。在这三种模型中,常用的是电压-电流模型法。因为该模型中唯一用到的电动机的参数为定子电阻,只要能够准确获得定子电阻,就能够得到定子磁链的准确估计。

2.3.2　逆变器数学模型与电压空间矢量

直接转矩控制多采用三相交-直-交电压型逆变器向电机供电,逆变器模型如图 2.20 所示。图 2.20 中,每个桥臂由两个互锁导通的开关组成,即一个接通时,另一个断开。相下与相上的开关是独立的,因此共有 $2^3 = 8$ 种可能的开关组合。

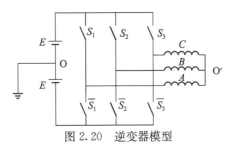

图 2.20　逆变器模型

用 S_1、S_2、S_3 分别表示逆变器三相桥臂的开关状态。当 $S_i = 1(i = 1, 2, \cdots, n)$ 时,表示该相桥臂上开关导通,下开关关断;当 $S_i = 0$ 时,表示该相桥臂下开关导通,上开关关断。逆变器的 8 种开关状态组合如表 2.3 所示。

表 2.3　逆变器的 8 种开关状态组合

状态	S_1	S_2	S_3
0	0	0	0
1	1	0	0
2	1	1	0
3	0	1	0
4	0	1	1
5	0	0	1
6	1	0	1
7	1	1	1

以上逆变器的 8 种开关状态可输出 7 种不同的电压状态。这 7 种电压状态又可以分为两类:一类称为工作状态,即表 2.3 中的状态 1~6,其特点是三相负载并不接到相同的电位上;另一类称为零开关状态,此时电动机的线电压均等于零,即表 2.3 中的状态 0、7,其特点是三相负载被接到相同的电位上。

因为电机模型的输入量是相电压,所以必须求出各种开关状态对应的电机相电压值。由于三相负载相电压是平衡的,即 $u_A + u_B + u_C = 0$,则当用各桥臂的开关状态来表示各相电压时:

$$
\begin{cases}
|\boldsymbol{u}_A| = \dfrac{2S_1 - S_2 - S_3}{3} U_{\mathrm{d}} \\[2mm]
|\boldsymbol{u}_B| = \dfrac{-S_1 + 2S_2 - S_3}{3} U_{\mathrm{d}} \\[2mm]
|\boldsymbol{u}_C| = \dfrac{-S_1 - S_2 + 2S_3}{3} U_{\mathrm{d}}
\end{cases}
\tag{2.49}
$$

式中,$U_{\mathrm{d}} = 2E$ 为电压型逆变器的输入,它是一个恒定的直流电压。

通过式(2.49)及表 2.3 就可以得到逆变器输入开关状态与输出相电压的对应关系,如表 2.4 所示。

表 2.4　逆变器的输入开关状态与输出相电压的对应关系

输入开关状态	输出电压		
	$\|\boldsymbol{u}_A\|$	$\|\boldsymbol{u}_B\|$	$\|\boldsymbol{u}_C\|$
011	$-\dfrac{2}{3}U_{\mathrm{d}}$	$-\dfrac{1}{3}U_{\mathrm{d}}$	$\dfrac{1}{3}U_{\mathrm{d}}$
001	$-\dfrac{1}{3}U_{\mathrm{d}}$	$-\dfrac{1}{3}U_{\mathrm{d}}$	$\dfrac{2}{3}U_{\mathrm{d}}$
101	$\dfrac{1}{3}U_{\mathrm{d}}$	$-\dfrac{2}{3}U_{\mathrm{d}}$	$\dfrac{1}{3}U_{\mathrm{d}}$
100	$\dfrac{2}{3}U_{\mathrm{d}}$	$-\dfrac{1}{3}U_{\mathrm{d}}$	$-\dfrac{1}{3}U_{\mathrm{d}}$
110	$\dfrac{1}{3}U_{\mathrm{d}}$	$\dfrac{1}{3}U_{\mathrm{d}}$	$-\dfrac{2}{3}U_{\mathrm{d}}$
010	$-\dfrac{1}{3}U_{\mathrm{d}}$	$\dfrac{2}{3}U_{\mathrm{d}}$	$-\dfrac{1}{3}U_{\mathrm{d}}$
000,111	0	0	0

为分析和计算方便,需要建立以定子绕组轴线为空间坐标系的静止三相坐标系 ABC 和正交两相坐标系 α-β。若用 $\boldsymbol{U}_{\mathrm{s}}$ 表示定子三相电压的合成作用在定子坐标系中的位置,则称 $\boldsymbol{U}_{\mathrm{s}}$ 为定子电压的空间矢量。由于 A 轴与 α 轴重合,则 $\boldsymbol{U}_{\mathrm{s}}$ 的 Park 变换式为

$$
\boldsymbol{U}_{\mathrm{s}} = \frac{2}{3}\left(\boldsymbol{u}_A + \boldsymbol{u}_B \mathrm{e}^{\mathrm{j}\frac{2}{3}\pi} + \boldsymbol{u}_C \mathrm{e}^{\mathrm{j}\frac{4}{3}\pi}\right)
\tag{2.50}
$$

以 $S_1 S_2 S_3 = 001$ 为例,有

$$
\begin{aligned}
\boldsymbol{U}_{\mathrm{s}}(001) &= \boldsymbol{u}_1 \\
&= \frac{2}{3}\left(\boldsymbol{u}_A + \boldsymbol{u}_B \mathrm{e}^{\mathrm{j}\frac{2\pi}{3}} + \boldsymbol{u}_C \mathrm{e}^{\mathrm{j}\frac{4\pi}{3}}\right) \\
&= \frac{2}{3}\left[\left(-\frac{1}{3}U_{\mathrm{d}}\right) + \left(-\frac{1}{3}U_{\mathrm{d}}\right)\left(-\frac{1}{2}+\mathrm{j}\frac{\sqrt{3}}{2}\right) + \left(-\frac{2}{3}U_{\mathrm{d}}\right)\left(-\frac{1}{2}-\mathrm{j}\frac{\sqrt{3}}{2}\right)\right] \\
&= \frac{2}{3}U_{\mathrm{d}}\mathrm{e}^{\mathrm{j}\frac{4\pi}{3}}
\end{aligned}
$$

$$
\tag{2.51}
$$

同理,可求得

$$U_s(010) = u_2 = \frac{2}{3}U_d e^{j\frac{2\pi}{3}}$$

$$U_s(011) = u_3 = \frac{2}{3}U_d e^{j\pi}$$

$$U_s(100) = u_4 = \frac{2}{3}U_d$$

$$U_s(101) = u_5 = \frac{2}{3}U_d e^{j\frac{5\pi}{3}}$$

$$U_s(110) = u_6 = \frac{2}{3}U_d e^{j\frac{\pi}{3}}$$

$$U_s(000) = u_0 = 0$$

$$U_s(111) = u_7 = 0$$

由上述计算可得以下结论:逆变器的六个工作状态给出了六个不同方向的电压空间矢量,各电压矢量之间相差 60°,它们的幅值都为 $\frac{2}{3}U_d$。基于以上分析,可以画出 α-β 坐标系下的 8 个电压空间矢量分布图,如图 2.21 所示,其中,u_0 和 u_7 为零电压空间矢量,且位于原点。

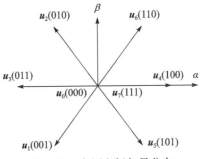

图 2.21　电压空间矢量分布

2.3.3　电主轴直接转矩控制系统模型

1. 磁链观测与调节模型

为了分析电主轴直接转矩控制下的性能,根据图 2.18 建立直接转矩控制仿真模型。模型中电主轴的磁链根据式(2.32)进行估计,磁链估计仿真模型如图 2.22 所示(即电压模型法)。在得到定子磁链后,通过磁链运算器及磁链调节器就可实现对定子磁链的控制。其中,磁链运算器的作用是对定子磁链空间矢量在 α-β 坐标系的两个分量 $\psi_{s\alpha}$、$\psi_{s\beta}$ 进行计算以得到磁链幅值。磁链空间矢量图如图 2.23 所示,图中表达了 $\psi_{s\alpha}$、$\psi_{s\beta}$ 与磁链幅值的关系,φ 为定子磁链空间矢量角。

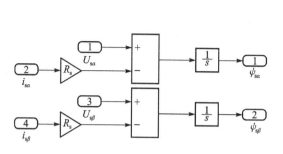

图 2.22　磁链估计仿真模型

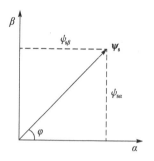

图 2.23　磁链空间矢量图

由图 2.23 可得定子磁链幅值计算式为

$$|\boldsymbol{\psi}_s| = \sqrt{\psi_{s\alpha}^2 + \psi_{s\beta}^2} \tag{2.52}$$

直接转矩控制系统磁链调节器的作用是对磁链量进行调节,其本质是一个施密特触发器,磁链两点式调节如图 2.24 所示。图中磁链调节器的容差为 $\pm\varepsilon_\psi$,输入为磁链误差 $\Delta\psi$,输出为 ψ_q。当磁链误差量大于 ε_ψ 时,磁链量开关信号 ψ_q 由 0 跃变到 1,给电主轴施加一个迫使定子磁链量增大的电压矢量,该电压矢量称为磁链电压矢量。当磁链误差小于 $-\varepsilon_\psi$ 时,磁链量开关信号 ψ_q 变为 0,以使磁链幅值减小。如此往复循环控制使得磁链幅值在给定值的基础上,在 $-\varepsilon_\psi\sim\varepsilon_\psi$ 的范围内波动。

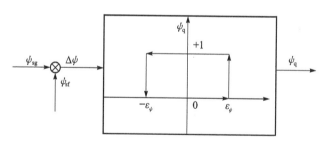

图 2.24　磁链两点式调节

磁链滞环比较器的作用是产生磁链信号,磁链滞环比较器仿真模型如图 2.25 所示,其输入为定子磁链给定值和定子磁链计算值,输出为磁链信号。

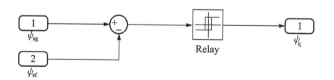

图 2.25　磁链滞环比较器仿真模型

2. 转矩观测与调节模型

根据式(2.47)可知,改变电磁转矩主要有两种方法:①改变定子磁链与转子磁链的夹角;②改变定子磁链的幅值。定子磁链在电机运行过程中受磁链调节器的调节,它的幅值变化不大,所以通常靠改变定子磁链与转子磁链的夹角来改变电磁转矩。这可以通过保持定子磁链不动或使定转子磁链正反转来实现。

转矩调节器主要用于实现对转矩的直接控制。为了控制转矩,转矩调节必须具备两个功能:一是转矩调节器直接调节转矩;二是在调节转矩的同时,控制定子磁链的旋转方向以加强对转矩的调节。

同磁链调节器一样,转矩调节器也由施密特触发器来实现,但这里对转矩进行三点式调节,转矩三点式调节原理结构如图 2.26 所示。图中转矩调节器的容差为 $\pm\varepsilon_T$,输入为给定值 T_{eg} 与转矩反馈值 T_{ef} 之差 $|\Delta T_e|$,输出为 T_q。当输入信号 $|\Delta T_e| \geqslant \varepsilon_T$ 时,转矩信号 $T_q=1$,表示要控制定子磁链正转,正向增大电磁转矩;当 $|\Delta T_e| \leqslant -\varepsilon_T$ 时,转矩信号 $T_q=-1$,表示要控制定子磁链反转,反向增大电磁转矩;其他情况下,转矩信号 $T_q=0$,表示要选择零电压矢量缓慢减小电磁转矩。

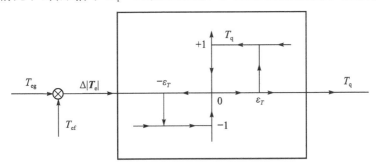

图 2.26　转矩三点式调节原理结构

转矩观测器的功能是计算两相静止坐标系下的电磁转矩,其数学模型如式(2.44)所示。依据式(2.44)建立的转矩观测器的仿真模型如图 2.27 所示,其中输入为两相静止坐标系下的定子磁链和定子电流,输出为电磁转矩。

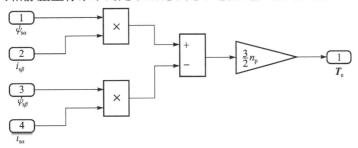

图 2.27　转矩观测器仿真模型

转矩滞环比较器的作用是产生转矩信号,转矩滞环比较器仿真模型如图 2.28 所示,输入为电磁转矩给定值和电磁转矩的实际值,输出为转矩信号。

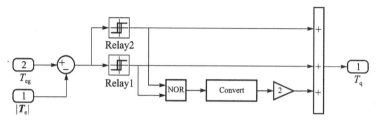

图 2.28　转矩滞环比较器仿真模型

3. 电压坐标 3/2 变换模型

根据电主轴 3/2 坐标变换的数学模型,建立电压坐标 3/2 变换的仿真模型,电压 3/2 坐标变换仿真模型如图 2.29 所示。

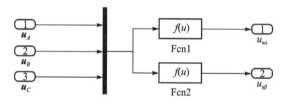

图 2.29　电压 3/2 坐标变换仿真模型

4. 定子磁链扇区的判断模型

为选择出最佳的电压矢量,不仅要判断转矩与磁链是否超出容差规定的范围,还需判断定子磁链 ψ_s 所处的区间位置,即磁链所在的扇区。

扇区的判断可采用的方法:将磁链的运行区间每 60° 划分为一个扇区,计算出磁链空间矢量角,对比磁链空间矢量角与每一扇区对应的角度范围即可得到磁链所在的扇区。磁链空间矢量角所对应的扇区位置如表 2.5 所示。依据表 2.5 所给出的磁链空间矢量角与磁链所在扇区的对应关系建立磁链所在扇区,扇区判断的仿真模型如图 2.30 所示。

表 2.5　磁链空间矢量角所对应的扇区位置

定子磁链矢量角	定子磁链所在区
$\left(-\pi, -\dfrac{5}{6}\pi\right]$	4
$\left(-\dfrac{5}{6}\pi, -\dfrac{\pi}{2}\right]$	5
$\left(-\dfrac{\pi}{2}, -\dfrac{\pi}{6}\right]$	6

定子磁链矢量角	定子磁链所在区
$\left(-\dfrac{\pi}{6},\dfrac{\pi}{6}\right]$	1
$\left(\dfrac{\pi}{6},\dfrac{\pi}{2}\right]$	2
$\left(\dfrac{\pi}{2},\dfrac{5\pi}{6}\right]$	3
$\left(\dfrac{5\pi}{6},\pi\right]$	4

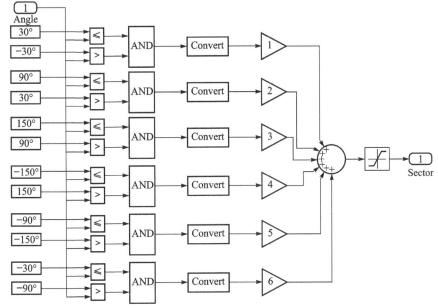

图 2.30　扇区判断的仿真模型

5. 电压矢量选择

综合前述分析可知,在直接转矩控制系统中,电压矢量的选择主要由磁链信号 ψ_q、转矩信号 T_q 及磁链所在扇区信号 S_n 决定。结合图 2.30,当定子磁链处于不同扇区时逆变器的最优开关矢量如表 2.6 所示。其中,零矢量的选择遵循开关次数最少原则。根据表 2.6 即可查得一个最优开关矢量作用于定子绕组,确定逆变器桥臂的导通状态,实现对电磁转矩和定子磁链幅值的快速控制。开关信号产生模块的仿真模型如图 2.31 所示。

表 2.6　最优开关矢量表

ψ_q	T_q	S_1	S_2	S_3	S_4	S_5	S_6
	1	u_6	u_2	u_3	u_1	u_5	u_4
1(1)	0	u_7	u_0	u_7	u_1	u_7	u_0
	-1	u_5	u_4	u_6	u_2	u_3	u_1

续表

ψ_q	T_q	S_1	S_2	S_3	S_4	S_5	S_6
	1(1)	u_2	u_3	u_1	u_5	u_4	u_6
0(0)	0(2)	u_0	u_7	u_0	u_7	u_0	u_7
	−1(3)	u_1	u_5	u_4	u_6	u_2	u_3

若将磁链调节器和转矩调节器进一步细化,则会使磁链的控制和转矩的控制更加精确,但同时逆变器的开关频率加快,系统也会变得复杂。

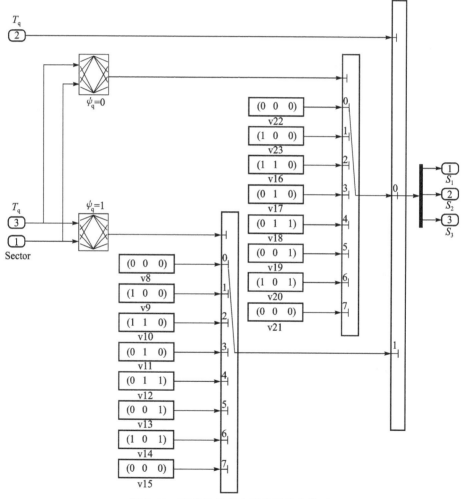

图 2.31　开关信号产生模块的仿真模型

v8～v23. 电压矢量模块编号

6. 速度的控制和调节模型

直接转矩控制系统的主要目的是通过控制定子电压矢量来控制定子磁链的平

均旋转速度,进而控制转矩,而转矩控制又是速度控制的基础,故在系统中应采用闭环控制。对速度的控制通过 PI 调节器来实现,即将从速度传感器中引出的速度反馈信号与速度给定信号作比较后送入 PI 调节器,调节器的输出直接作为转矩给定值。依此设计的速度调节器如图 2.32 所示。速度调节器仿真模型如图 2.33 所示,其输入为电主轴的实际转速值和给定转速值,输出为电磁转矩给定值。

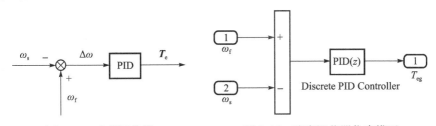

图 2.32　速度调节器　　　　　　　　图 2.33　速度调节器仿真模型

ω_f. 反馈的电动机角频率;ω_s. 给定角频率;

$$\Delta\omega = \omega_s - \omega_f$$

7. 逆变器模型

在获得了开关信号之后,经逆变器即可得到电动机的输入电压。逆变器的仿真模型如图 2.34 所示。

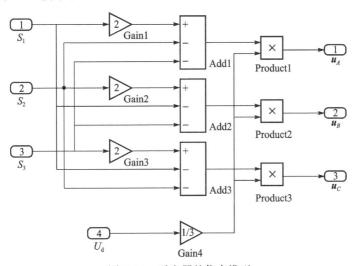

图 2.34　逆变器的仿真模型

8. 电主轴及直接转矩控制系统模型

直接转矩控制模型中的电主轴动态模型根据式(2.29)～式(2.32)建立,电主轴动态仿真模型如图 2.35 所示,直接转矩控制仿真模型如图 2.36 所示。

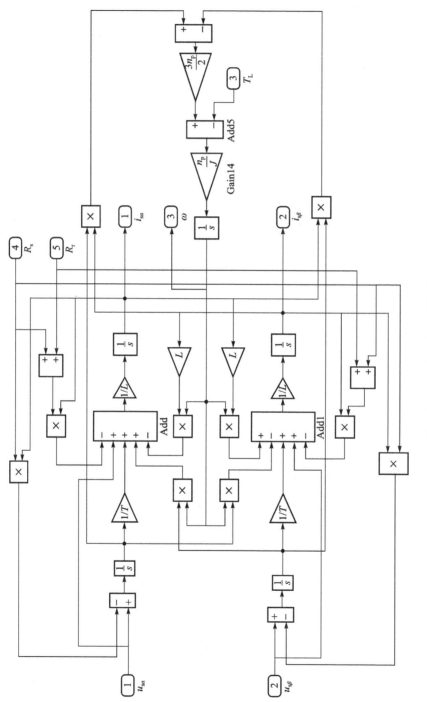

图 2.35 电主轴动态仿真模型

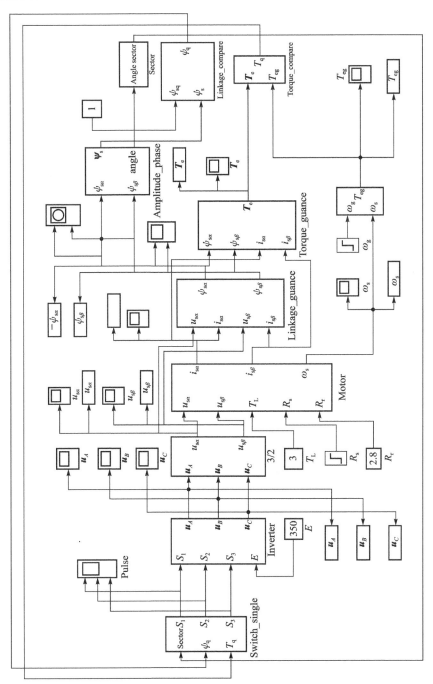

图 2.36　直接转矩控制仿真模型

2.3.4　电主轴直接转矩控制系统仿真及结果分析

按照图 2.36 给出的直接转矩控制系统的仿真模型进行高速电主轴控制系统仿真试验。仿真用的电主轴电机参数如表 2.7 所示。

表 2.7　仿真用电主轴电机参数

额定功率/W	工频/Hz	转动惯量/(kg·m²)	定子电阻/Ω	定子电感/H	定转子互感/H	额定电压/V	额定转速/(r/min)	极对数	转子电阻/Ω	转子电感/H	摩擦系数
550	50	0.085	14.4	0.8389	0.7957	220/380	1680	2	13	0.8443	0

系统给定值为:磁通为 1Wb,直流电压为 308V,磁链容差为 0.26Wb,转矩容差为 2N·m。

获得正六边形磁链轨迹仿真图形如图 2.37 所示。可以看出,定子磁链轨迹在低速时发生畸变,低速时六边形磁链发生扭曲,由于定子压降的作用,定子磁链空间矢量的顶点偏离原正六边形轨迹,向六边形中心移动。正六边形磁链电流波形如图 2.38 所示。可以看出,由于六边形磁链和逆变器高频开关的作用,定子相电流引起了畸变,电流波形并不是正弦波。

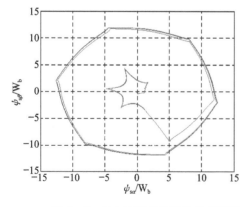

图 2.37　正六边形磁链轨迹仿真图形

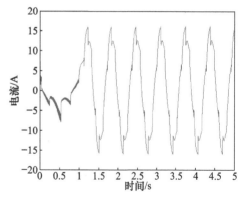

图 2.38　正六边形磁链电流波形图

正六边形磁链转速仿真图形如图 2.39 所示,图中显示转速跟随转矩变换紧密,在转矩达到相对稳定时也能够同时达到稳定。正六边形转矩波形如图 2.40 所示。可以看出,直接转矩控制系统在负载恒定和突加负载情况下,系统的转矩响应较快,转矩变化跟随性较好,但转矩的脉动频率较高。且系统起动时,磁链与转矩是同时增大的,磁链的幅值增长迅速,很快达到磁链给定值,并在直接转矩控制策略下,随着定子电压矢量的不同,幅值被限制在了一个较小的容差范围内。

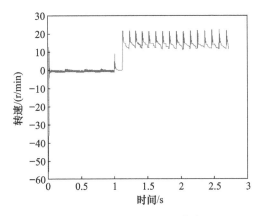

图 2.39　正六边形磁链转速仿真图形

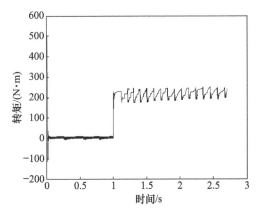

图 2.40　正六边形转矩波形图

六边形磁链控制,控制方法简单,只需进行磁链调节和转矩滞环调节,利用六个有效电压空间矢量控制磁链沿六边形轨迹旋转;每个区段只需要两种电压状态;有效电压矢量和零矢量;功率器件的开关次数少,从而器件的损耗小;电流和转矩将产生较大的脉动。

圆形磁链控制,相对六边形磁链控制较为复杂,在磁链与转矩滞环调节的同时,需要确定定子磁链的空间位置,通过事先确定的优化开关状态表来确定每一时刻的最优开关状态;每个区段内采用了多个电压矢量,实现定子磁链圆形旋转;开关状态多,因此要求逆变器的开关频率高,器件的损耗也将增大。

2.3.5　直接转矩控制与矢量控制的内在联系

在电主轴使用的变频器中,矢量控制和直接转矩控制都属于高性能的控制模式。

由电主轴定、转子关系可知

$$\boldsymbol{\psi}_{\mathrm{s}} = \frac{L_{\mathrm{m}}}{L_{\mathrm{r}}} \boldsymbol{\psi}_{\mathrm{r}} + L_{\mathrm{s}}' \boldsymbol{i}_{\mathrm{s}} \tag{2.53}$$

利用式(2.53)将直接转矩矢量控制表示如图 2.41 所示。可以看出,在转子磁链矢量 $\boldsymbol{\psi}_{\mathrm{r}}$ 不变的前提下,只能通过调节磁链值 $L_{\mathrm{s}}' \boldsymbol{i}_{\mathrm{s}}$ 来改变定子磁链矢量 $\boldsymbol{\psi}_{\mathrm{s}}$ 的幅值和相位。也就是说,通过调整 $L_{\mathrm{s}}' \boldsymbol{i}_{\mathrm{s}}$ 可以实现 $\boldsymbol{\psi}_{\mathrm{s}}$ 的幅值恒定以及改变 $\boldsymbol{\psi}_{\mathrm{s}}$ 和 $\boldsymbol{\psi}_{\mathrm{r}}$ 的空间相位 δ_{sr}。

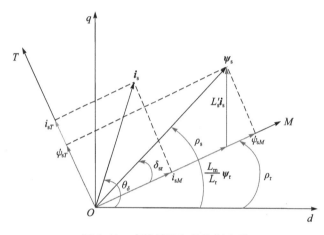

图 2.41　直接转矩矢量控制表示

由式(2.48)可得

$$|\boldsymbol{T}_{\mathrm{e}}| = n_{\mathrm{p}} \frac{L_{\mathrm{m}}}{L_{\mathrm{r}} L_{\mathrm{s}}'} |\boldsymbol{\psi}_{\mathrm{s}}| \, |\boldsymbol{\psi}_{\mathrm{r}}| \sin\delta_{\mathrm{sr}} = n_{\mathrm{p}} \frac{L_{\mathrm{m}}}{L_{\mathrm{r}} L_{\mathrm{s}}'} \psi_{\mathrm{r}T} \psi_{\mathrm{s}T} \tag{2.54}$$

因此,转子磁链矢量 $\boldsymbol{\psi}_{\mathrm{r}}$ 若保持不变,电磁转矩取决于 $\psi_{\mathrm{s}T}$,$\psi_{\mathrm{s}T}$ 是定子磁链矢量 $\boldsymbol{\psi}_{\mathrm{s}}$ 的 T 轴分量,也是相对转子磁链矢量 $\boldsymbol{\psi}_{\mathrm{r}}$ 的正交分量。如图 2.41 所示,调节 $L_{\mathrm{s}}' \boldsymbol{i}_{\mathrm{s}}$,就相当于控制 $\psi_{\mathrm{s}T}$,也就控制了电磁转矩。

在以转子磁场定向的矢量控制中,以定子电流作为控制变量。如图 2.41 所示,定子电流矢量 $\boldsymbol{i}_{\mathrm{s}}$ 在定向坐标系 M-T 中的励磁分量为 $i_{\mathrm{s}M}$,转矩分量为 $i_{\mathrm{s}T}$。由式(2.39)及式(2.40)可以看出,式(2.54)和式(2.40)具有相似的形式,且为同一方程的不同形式,具体证明过程如下。

根据图 2.41,T 轴的定、转子磁链方程为

$$\begin{aligned} \psi_{\mathrm{s}T} &= L_{\mathrm{s}} i_{\mathrm{s}T} + L_{\mathrm{m}} i_{\mathrm{r}T} \\ \psi_{\mathrm{r}T} &= L_{\mathrm{r}} i_{\mathrm{r}T} + L_{\mathrm{m}} i_{\mathrm{s}T} \end{aligned} \tag{2.55}$$

在坐标系 M-T 中沿转子磁场定向后,$\psi_{\mathrm{r}T} = 0$,可得

$$\psi_{\mathrm{s}T} = \left(L_{\mathrm{s}} - \frac{L_{\mathrm{m}}^2}{L_{\mathrm{r}}}\right) i_{\mathrm{s}T} + L_{\mathrm{s}}' i_{\mathrm{s}T} \tag{2.56}$$

将式(2.56)代入式(2.40)中,可得到式(2.54)。

在矢量控制中,对定子电流矢量 i_s 转矩分量 i_{sT} 的控制,是通过矢量变换实现的,而在直接转矩控制中,如果保持 ψ_s 的幅值不变,改变 δ_{sr},就相当于通过 $L'_s i_s$ 控制 ψ_{sT},实际上也就是控制了交流电流 i_{sT}。可见,两种控制的实质是一样的,只是控制的实现方式有所不同。

2.3.6　直接转矩控制的特点

1. 转矩脉动问题

直接转矩具有转矩脉动问题。直接转矩控制滞环方式是利用有效电压空间矢量和零矢量交替使用来实现的。直接转矩控制的转矩脉动来自其使用的滞环控制方式,即俗称的乒乓控制方式。但目前实用的矢量控制也都是脉宽调制逆变方式,各种类型的交流脉宽调制技术,都使用了有效电压空间矢量和零矢量交替作用的规律,从这个角度说,三种控制方式都有转矩脉动问题。

转矩脉动对于实际运行的影响,既与脉动的幅度有关,又与频率有关,频率越低,系统转动惯量的机械滤波作用越小,危害越明显。直接转矩控制采用滞环偏差控制,转矩偏差幅值固定,且中速时脉动频率高,低速和高速时脉动频率都低,在设定滞环偏差时,中速时的频率需要保证不超出开关损耗的限制。也就是说,直接转矩控制的转矩脉动,在中速段最轻微,低速和高速段差。

对于直接转矩控制的转矩脉动问题,可以通过如下方案进行改进:

(1) 分段设定滞环偏差,高速段和低速段载波频率低,开关损耗有裕量,因此可以设定更低的偏差值。由于低速段转矩提升快而高速段转矩降低快,为使每次开关过程有足够多的计算次数,以保证滞环控制精度,这种改进方式需要更高的计算频率,对微处理器运算速度有较高的要求。

(2) 针对扇区两端的不规则低频率转矩负脉动,以增加扇区数量的方式来克服,即使用三电平技术,将有效电压空间矢量从 6 个增加到 12 个,每 30° 更换一对电压矢量,因此电压矢量与切线方向的最大夹角不是 60°,而是 45°,这使得定子磁链频率为 46Hz,已经接近工频,出现不规则脉动的范围大大缩小,程度也大大减轻。这个改进方案的问题是增加了绝缘栅双极型晶体管的数量和主电路硬件复杂程度。

(3) 定子电阻的精确辨识。当定子电阻的辨识结果有偏差时,定子磁链轨迹就会发生畸变,会使电主轴输出转矩脉动。精确的定子电阻辨识,可减小定子磁链轨迹畸变,达到抑制电主轴转矩脉动的效果。

直接转矩控制的转矩脉动大体上仍然属于高频脉动,脉动幅值也不大,对运行性能的影响不是特别明显,最主要的影响是使稳态转速精度变差。需要说明的是,只有转速在运行中较长时间保持不变,负载转矩也基本不变时,系统才真正处于稳态运行,此时考虑稳态速度精度指标才有意义。

2. 转矩响应速度问题

直接转矩控制的转矩响应速度快于矢量控制,关键在于它不采用电流调节方式,而是用电压矢量一次到位地改变转矩。虽然是一次到位,不同情况下转矩响应时间却是变化的。

转矩调节环在转速环内部,转矩指令是转速调节器的输出,不可能发生突变,负载转矩的扰动又在转矩环外,仍然需要转速调节器做出反应,因此在转矩响应时间达到 10ms 以内后,对于一般调速系统,进一步改善转矩响应速度意义不大。但对于电主轴控制系统,转矩响应速度具有重要意义。直接转矩控制变频器与一部分响应速度偏快的矢量控制变频器相比,优势不明显,动态特性略好;与转矩响应速度较慢的部分矢量控制变频器相比,则动态性能可能有明显的优势。

3. 其他方面

从直接转矩控制原理上看,直接转矩控制计算量小,但实际上为保证滞环控制精度,必须每个开关周期内多次计算,实际计算负担仍较重,微处理器无法完全胜任,不得不部分依靠硬件技术。

对于电动机参数的依赖问题,直接转矩控制的电压模型对电动机参数要求很低,只要定子电阻即可。但电压模型在低速时误差很大,因此低速时需要电流模型。直接转矩控制的电流模型包含了转子磁链,是从矢量控制那里"借"来的,对电动机参数依赖性强。

对于转矩控制精度,直接转矩控制要高于矢量控制,但仅指平均值精度,并且误差属于同一数量级。对于转速控制,转矩处于内环,转矩精度对控制效果影响很小。转矩控制时,转矩精度要影响效果,直接转矩控制的转矩误差约为 3%,无速度传感器时约为 4%,矢量控制转矩误差约为 5%。

直接转矩控制没有固定的开关频率,但仍然有高频噪声。开关频率高,噪声尖锐但音量小,开关频率低,则噪声音调低而音量大。普通 PWM 变频器噪声是音量很小的高频声,而直接转矩控制变频器的噪声音调和音量随转速变化而变化,时高时低,时大时小,平均而言,噪声比普通 PWM 变频器大,音调则要低些。

参 考 文 献

[1] 赵海森,罗应立,刘晓芳,等.异步电机空载铁耗分布的时步有限元分析.中国电机工程学报,2010,30(30):99-106.

[2] Zhang L X,Liu X H. Modeling and simulation analysis of motorized spindle vector control//International Conference on Mechatronics and Intelligent Materials. Guilin,2012:95-96.

[3] 张珂,刘志学,张丽秀,等. 基于转差频率控制下高速电主轴建模与矢量控制器的设计与仿真. 沈阳建筑大学学报,2012,28(6):1114-1120.

[4] 吴玉厚,潘振宁,张丽秀,等. 电主轴上改善型直接转矩控制的振动试验. 哈尔滨工业大学学报,2016,48(11):174-177.

[5] Vajsz T,Számel L,Rácz G. Anovel modified DTC-SVM method with better overload-capability for permanent magnet synchronous motor servo drives. Electrical Engineering and Computer Science,2017,61(3):253-263.

[6] Najib E Q,Aziz D,Abdelaziz E G,et al. Contribution to the improvement of the performances of doubly fed induction machine functioning in motor mode by the DTC control. International Journal of Power Electronics and Drive Systems,2017,8(3):1117-1127.

[7] Vajsz T,Számel L. Improved modified DTC-SVM methods for increasing the overload-capability of permanent magnet synchronous motor servo and robot drives. Electrical Engineering and Computer Science,2018,62(3):65-81.

[8] Yosr B,Soufien G,Abdellatif M. A Fuzzy DTC of induction motor for FPGA implementation. International Journal on Electrical Engineering and Informatics,2016,8(4):851-864.

[9] Gdaim S,Mtibaa A,Mimouni M F. Design and experimentalimplementation of DTC of an induction machine based on fuzzy logic control on FPGA. IEEE Transactions on Fuzzy Systems,2015,23(3):644-655.

第3章 电主轴生热及传热过程

电主轴热特性主要表现为电主轴的温升与热变形。在一定的工作条件下,电主轴在内外热源的共同作用下会产生大量的热,这些热量会传递到电主轴各个部分,使得各部分产生温升并导致热膨胀。各部分零件的材料、结构、形状和热惯性不同,会发生不同程度的拉伸、弯曲、扭曲等变形,从而产生热变形,使加工部位发生相对位移,降低加工精度。本章以传热学基本理论为基础,分析电主轴的散热机制和生热机理,结合有限元方法,对流固耦合传热理论进行推导,为建立精确电主轴温度场预测模型提供理论基础。

3.1 电主轴损耗分析及生热量计算

电主轴发热主要源于主轴驱动电动机的定、转子损耗生热和主轴前后轴承摩擦生热。这两大热源产生的热量如果不加以控制,由此引起的热变形会严重降低机床的加工精度和轴承使用寿命,因此电主轴生热机理研究对电主轴温度场的精确预测有着重要意义。

3.1.1 电机生热分析与计算

电主轴具有将机床主轴与主轴电机融为一体的结构形式。当主轴电机因能量损耗发热时,这些热会从电机传递到主轴及其他零部件上,引起主轴的温升及热变形。电机损耗示意图如图 3.1 所示。

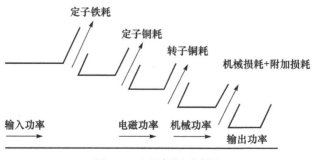

图 3.1 电机损耗示意图

电主轴采用内藏式主轴结构形式,散热受到影响,因此在其正常运行过程中,

会出现能量损耗。损耗的出现会使电机发热,从而引起电机温度的升高。电机的有效输入功率为

$$P_i = \sqrt{3} U_{sm} i_{sm} \cos\alpha \tag{3.1}$$

式中,P_i 为有效输入功率,W;α 为相位角,(°);i_{sm} 为定子电流有效值,A;U_{sm} 为定子电压有效值,V。

电主轴在正常运转过程中,除了作为机械功率做有效功率输出,还有其他多种形式的功率损耗。而电主轴中的电机发热主要来自基本铁耗、电气损耗、机械损耗及其他附加损耗[1~6]。

1. 基本铁耗

电主轴的主要损耗为铁耗,这是由于主磁场发生变化而产生磁化,在铁心中引起涡流损耗和磁滞损耗。

涡流损耗的计算表达式为

$$P_e = \sigma_e (Bf)^2 \tag{3.2}$$

式中,σ_e 为取决于材料规格及性能的常数;B 为磁通密度振幅,mm;f 为磁通变化的频率,Hz。

由式(3.2)可以看出,涡流损耗主要与磁场的波形、磁场变化频率和幅值有关。

磁滞损耗是与铁磁体等在反复磁化过程中因磁滞现象而消耗的能量,其计算公式为

$$P_h = \sigma_h f B^2 \tag{3.3}$$

式中,σ_h 为材料系数。

由式(3.3)可以看出,磁滞损耗与磁场的幅值和变化的频率成正比,与磁场的波形无关。

2. 电气损耗

电气损耗主要为在绕组铝或者铜中产生的损耗[3],电主轴的电气损耗为工作电流在绕组中产生的损耗。

通过焦耳楞次定律得到铜耗为

$$P_{Cu} = \sum i_x^2 R_x \tag{3.4}$$

式中,P_{Cu} 为铜耗,W;i_x 为 x 绕组中的电流,A;R_x 为 x 绕组的电阻值换算到基准工作温度时的阻值,Ω。

当电机采用交流三相绕组时,因电阻值为 R_x,绕组中的电流相同,铜耗大小为

$$P_{Cu} = m i_x^2 R_x \tag{3.5}$$

3. 机械损耗

转子高速运转时与空气之间的摩擦产生的损耗称为机械损耗,具体的损耗功率为

$$P_n = \lambda \rho \omega^3 r^4 l \tag{3.6}$$

式中,P_n 为机械损耗功率,W;λ 为根据经验确定的摩擦系数;ρ 为空气密度,kg/m^3;ω 为角频率,rad/s;r 为转子的外半径,m;l 为转子的长度,m。

4. 附加损耗

在电主轴空载运转时气隙中的谐波磁场引起铁心处的附加损耗。谐波磁场在定、转子铁心处产生脉振损耗和表面损耗。谐波磁场是由以下原因产生的:① 空载励磁磁势空间分布中有谐波存在;② 电机定转子开槽引起气隙磁导的不均匀分布[7]。

当电机在正常运转时,根据经验公式得到电机转子的发热量约占电机总发热量的 1/3,由电机转子产生的热量除了传导给定子,还通过对流、辐射等形式传递给电主轴其他零件或气隙间流体,电机定子的发热量占电机总发热量的 2/3,利用有限元仿真计算时,假定全部损耗都转化为热量[8]。

3.1.2　轴承生热分析与计算

电主轴在运行过程中,其轴承内外圈与滚珠间将产生一系列热量,主要由阻力和摩擦所致,电主轴转速越高,轴承受到的摩擦力越大,随之产生的热量也会越大。轴承的发热与很多因素相关,轴承发热量的计算公式为[9]

$$H_f = 1.047 \times 10^{-4} nM \tag{3.7}$$

式中,H_f 为轴承发热量,W;n 为电主轴的旋转速度,r/min;M 为轴承摩擦力矩,N·m。

电主轴轴承的摩擦力矩 M 由润滑剂的黏性产生的黏性摩擦力矩 M_0 和由轴承的负载产生的载荷力矩 M_1 组成,其中摩擦力矩与转速无关[10]。

黏性摩擦力矩 M_0 的计算公式为

$$M_0 = \begin{cases} 10^{-7} f_0 (v_0 n)^{2/3} d_m, & v_0 n < 2000 \\ 160 \times 10^{-7} d_m^3, & v_0 n \geqslant 2000 \end{cases} \tag{3.8}$$

式中,v_0 为所采用润滑剂的黏度,m^2/s;f_0 为与轴承类型和润滑方式有关的系数;d_m 为轴承中径,m。

轴承摩擦力矩中的载荷项计算公式为

$$M_1 = Z \left(\frac{F_s}{C_s}\right)^y (0.9 F_a \cot\alpha - 0.1 F_r) d_m \tag{3.9}$$

式中，F_s 为当量静载荷，N；C_s 为额定静载荷，N；Z 和 y 为与轴承设计有关的经验系数，对于角接触轴承取 $Z=0.001$，$y=0.33$；F_a 为轴向载荷力，N；F_r 为径向载荷力，N；α 为公称接触角；当 $0.9F_a\cot\alpha-0.1F_r \leqslant F_r$ 时，取 $M_1=Z\left(\dfrac{F_s}{C_s}\right)^y F_r d_m$。

3.2　电主轴传热形式与换热系数计算

电机损耗产生的热量不仅会使电机温度升高，还会通过热传递、热量辐射等形式使主轴、壳体等电主轴其他部件温度升高，因此对于电机内部和外部的传热方式的研究必不可少。

3.2.1　传热学基本理论

因存在温度差而发生的热能的转移称为传热。通常物体间存在温度差，热量会不由自主地发生转移，即热量从高温部分传至低温部分。在自然界和生产过程中普遍存在着温度差，因此热传递会在以上两种过程中发生。物体间发生热量交换的现象称为热传递，根据传热过程的不同可分为热传导、热对流和热辐射三种模式。

1. 热传导

当固体介质和液体介质静止时，其存在温度梯度，此时介质中会发生传热现象，这种传热过程为热传导。换句话说，当介质中存在温度梯度，且没有整体运动时，在固体和静止液体的介质中都会发生传热。介质间的传导热流密度为

$$q_1 = -k\frac{\mathrm{d}T}{\mathrm{d}x} \tag{3.10}$$

式中，q_1 为传导热流密度，$\mathrm{W/m^2}$；k 为材料的热导率，$\mathrm{W/(m \cdot ℃)}$；$\mathrm{d}T/\mathrm{d}x$ 为 x 方向的温度梯度。

在稳态条件和线性温度分布的情况下，温度梯度为

$$\frac{\mathrm{d}T}{\mathrm{d}x} = \frac{T_2 - T_1}{x_2 - x_1} \tag{3.11}$$

2. 热对流

当传热发生在有温度梯度的表面和一种运动的流体之间时，这种传热现象称为热对流。按照换热过程的不同，可将热对流分为两种：一种是由于流体中的温度变化产生的热流密度差造成的自然对流换热；另一种是由风机、泵或风力等外力作用形成的热流密度变化造成的强迫对流换热。无论对流换热过程的具体特性如

何,其热量传递速率方程可用牛顿冷却方程表示:

$$q_2 = h(T_{sur} - T_\infty) \tag{3.12}$$

式中,q_2 为对流热流密度,W/m²;T_{sur} 为表面温度,℃;T_∞ 为流体温度,℃;h 为对流换热系数,W/(m²·℃),它与表面几何形状、流体的运动特性、流体的热力学性质和运输性质有关,典型对流换热系数的范围如表 3.1 所示。

表 3.1　典型对流换热系数的范围

流体	对流换热系数 h/[W/(m²·℃)]	
	自然对流	受迫对流
气体	2~25	25~250
液体	50~1000	100~2×10⁴
伴随相变的对流沸腾或凝结	—	2500~1×10⁵

3. 热辐射

物体由于有一定的温度而发射电磁波的现象称为热辐射。若两个表面间不存在参与传热的介质且温度不同,则它们的传热是通过热辐射进行的,但气体和液体中也可以发生热辐射。假设物体表面的吸收率和发射率相等,则其净辐射速率为

$$q_3 = \varepsilon\sigma(T_{sur}^4 - T_{env}^4) \tag{3.13}$$

式中,q_3 为辐射热流密度,W/m²;ε 为物体表面的发射比,$0 \leqslant \varepsilon \leqslant 1$;$\sigma$ 为斯特藩-玻尔兹曼常数(也称黑体辐射常数),其值为 5.67×10^{-8} W/(m²·K⁴);T_{sur} 为物体表面温度,℃;T_{env} 为包围物体周围环境的温度,℃。

由于电主轴各部分温度差小于 50℃,可以忽略热辐射的影响。

3.2.2　电主轴内部热传导

在电主轴工作过程中,由于其内部各部件间具有温度梯度,出现了能量的传递,其传热方式为热传导。其热量传导方程遵循式(3.10)。

3.2.3　电主轴与外部介质的对流换热

为了减小电主轴发热而导致的热变形,电主轴单元在使用过程中通常采用冷却水套冷却电机定子;并采用油气润滑方式润滑轴承,同时降低转子表面及轴承的温度。电主轴内部结构的复杂性导致其与外界的传热机制也较为复杂,电主轴各部件传热类型如图 3.2 所示,即转轴端部的对流换热、轴承与压缩空气的对流换热、定子与冷却水间的对流换热、转子和定子间隙的对流换热、电主轴与外部空气的对流换热[11]。

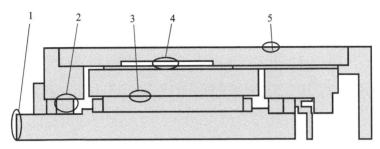

图 3.2　电主轴各部件传热类型

1. 转轴端部对流换热；2. 轴承与压缩空气对流换热；3. 定子与冷却水间的对流换热；
4. 转子和定子间隙对流换热；5. 电主轴与外部空气换热

1. 转轴端部的对流换热

电主轴转子热量分为三部分进行热传递，一部分热量通过定、转子间的空气传递给电动机定子，一部分热量通过热传导形式传递给主轴及轴承，还有一部分通过油气润滑系统中的压缩空气散出。当定、转子气隙中的气体是纯层流状态时，热量是通过导热的方式进行传递的，此时其热交换的多少与转速无关，而与主轴材料自身的热传导系数等相关。转子端部与周围空气进行的热交换可表示为[11]

$$h_1 = 28(1 + \sqrt{0.45v})\qquad(3.14)$$

式中，h_1 为转轴端部对流换热系数，$\mathrm{W/(m^2 \cdot ℃)}$；v 为转子端部的周向速度，m/s。

2. 轴承与压缩空气的对流换热

当电主轴的润滑方式为油气润滑时，由于混合物中油的含量非常少，可以忽略润滑油带走的热量，油和气的作用可以分开来看，油用于润滑，压缩空气用于热交换，即轴承的大部分热量被压缩空气带走[12]。压缩空气流经轴承时，产生一个轴向的气流，该气流流过轴承内外圈的流动面积为

$$A_{ie} = 2d_m \pi \Delta h\qquad(3.15)$$

式中，A_{ie} 为轴向气流流过轴承时的面积，$\mathrm{m^2}$；d_m 为轴承平均直径，m；Δh 为轴承内外套圈与保持架之间的平均距离，m。

压缩空气通过电主轴轴承的平均速度为

$$v' = \left[\left(\frac{Q_1}{A_{ie}}\right)^2 + \left(\frac{\omega d_m}{2}\right)^2\right]^{0.8}\qquad(3.16)$$

式中，v' 为流经轴承空气的平均速度，m/s；Q_1 为通过轴承的空气的流量，$\mathrm{m^0/s}$；ω 为电主轴的角频率，rad/s。

轴承与压缩空气之间的对流换热系数与电主轴转速和压缩空气流量之间存在函数关系,可由多项式函数拟合得出,即

$$h_2 = c_0 + c_1 v^{c_2} \tag{3.17}$$

式中,h_2 为轴承与压缩空气的对流换热系数,$W/(m^2 \cdot ℃)$;c_0、c_1 和 c_2 分别为 9.7、5.33 和 0.8。

3. 电动机定子与冷却水的对流换热

电主轴水冷系统中不同流态下的冷却水对电主轴定子的冷却效果都会有影响。计算冷却水对定子的对流换热系数时必须先判断其流态,而流态是根据雷诺数 Re 判断的,之后选择相应的公式进行对流换热系数的计算。

Re 是一个被用作判别层流和紊流的无量纲的量[13]:

$$Re = \frac{v \rho D}{\mu} \tag{3.18}$$

式中,v 为冷却水的特征速度,m/s;ρ 为冷却水密度,kg/m^3;μ 为冷却水的动力黏度,$Pa \cdot s$;D 为几何特征定型尺寸,m。

$$D = \frac{4A}{X} \tag{3.19}$$

式中,A 为流动截面面积,m^2;X 为流动截面湿周,m。

通常,以临界雷诺数来区分层流和湍流。当 $Re < 2200$ 时为层流,当 $Re > 2200$ 时为湍流。电主轴冷却水在一定压力下流动,冷却水为湍流,此时,

$$Nu = 0.012(Re^{0.87} - 280) Pr^{0.4} \left[1 + \left(\frac{D}{l} \right)^{2/3} \right] \left(\frac{Pr}{Pr_w} \right)^{0.11} \tag{3.20}$$

$$h_3 = \frac{Nu \lambda_w}{D} \tag{3.21}$$

式(3.20)和式(3.21)中,h_3 为定子与冷却水的对流换热系数,$W/(m^2 \cdot ℃)$;Nu 为流体的努塞特数;Pr 为流体的普朗特数;当温差不大时,$\mu/\mu_{vc} \approx 1.05$,$Pr/Pr_w \approx 1$[14];$\lambda_w$ 为水的热导率,$W/(m \cdot ℃)$。

4. 转子与定子间隙的对流换热

对于有轴向通气的电主轴,转子与定子之间的对流换热由两部分组成:一是转子自转的周向速度产生的对流换热;二是在定、转子缝隙的轴向速度产生的对流换热。电主轴转子与定子间隙内的空气速度为

$$v = (v_a^2 + v_r^2)^{1/2} \tag{3.22}$$

式中,v_a 为空气轴承速度,m/s;v_r 为空气周向速度,m/s。

转子与定子间隙的对流换热系数为[15]

$$h_4 = \frac{Nu\lambda_a}{H} \tag{3.23}$$

式中,

$$Nu = 0.239\left(\frac{\delta}{r}\right)^{0.25} Re^{0.5} \tag{3.24}$$

$$Re = \frac{vH}{r} \tag{3.25}$$

式(3.23)~式(3.25)中,h_4 为转子与定子间隙的对流换热系数,W/(m²·℃);λ_a 为空气的热导率,W/(m·℃);r 为转子外表面半径,m;δ 为定、转子之间的间隙,m;H 为气隙几何特征定型尺寸,m;Nu 为努塞特数。

5. 电主轴与外部空气的对流换热

电主轴在运行过程中,随着电主轴内部温度的升高,其外表面的温度也相应有一定程度的升高,温度差会在电主轴外表面和空气间产生,因此电主轴外壳与周围空气存在热对流。假定电主轴外表面与周围空气的传热为自然对流换热,可取[16]

$$h_5 = 9.7 \tag{3.26}$$

式中,h_5 为电主轴与外部空气的对流换热系数,W/(m²·℃)。

3.3　电主轴温度场有限元基本方程

通过对电主轴各部件的换热形式分析表明,电主轴的传热是非常复杂的,但是不管是生热还是散热,都遵循能量守恒定律。电主轴的传热方式主要是传导和对流,其能量守恒方程为[17]

$$\rho_1 c_{p1}\frac{\partial T}{\partial t} + \rho_2 c_{p2} v\nabla T = \nabla(k\,\nabla T) + Q \tag{3.27}$$

式中,Q 为单位体积热源的生热量,W/m³;ρ_1 为固体的密度,kg/m³;ρ_2 为流体的密度,kg/m³;c_{p1} 和 c_{p2} 分别为固体和流体的定压比热容,J/(kg·℃);T 为固体(电主轴)温度,℃;v 为流体的速度,m/s;∇ 为拉普拉斯算子;k 为热导率,W/(m·℃)。

$$Q = \frac{P_{tot}}{V}$$

式中,P_{tot} 为热源的热量,W;V 为热源的体积,m³。

由式(3.11)可知,只要确定电主轴的热源和各对应部位的换热系数,就可以仿真出电主轴的温度场。

3.4　热弹性力学基本理论

电主轴结构可以认为是弹性体,当电主轴受内部热源影响,产生分布不均的温度场时,零件内部各部位也会产生不同的膨胀程度,其体积会有改变的趋势。但是主轴受壳体及安装卡具的约束,且各部位膨胀比例不同,这使得体积不能发生自由膨胀。由于物体的连续性,受热后物体各部分相互约束,使得物体内部各点位移连续且单一,而这个约束作用力的应力就是热应力。热应力会导致主轴内部结构产生微量的位移,即热变形,从而影响机床的加工精度。

引起热应力的根本原因是温度变化,研究热应力,除了需要研究材料的物理性质与温度的相互关系,还涉及热力学、传热理论的知识。

1. 热弹性力学基本假设

为了能让建立的理想模型满足客观实际和工程要求,依据以下四个基本假设[18]:

(1) 连续性假设。

(2) 均匀性假设。

(3) 各向同性假设。

(4) 小变形假设。

2. 热弹性力学基本方程

微元体的导热状态如图 3.3 所示,假设电主轴在直角坐标系中,在导热体内任选取一个微元,假定物体为各向同性的均匀材料,密度和比热容均为常数并且物体内部有热源。

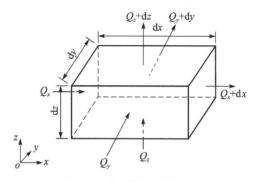

图 3.3　微元体的导热状态

根据图 3.3,微元体热平衡微分方程为[19]

$$\rho c_{\mathrm{p}} \frac{\partial T}{\partial t} = \frac{\partial}{\partial x}\left(k_x \frac{\partial T}{\partial x}\right) + \frac{\partial}{\partial y}\left(k_y \frac{\partial T}{\partial y}\right) + \frac{\partial}{\partial z}\left(k_z \frac{\partial T}{\partial z}\right) + Q \tag{3.28}$$

式中,ρ 和 c_{p} 分别为主轴部件材的材料密度(kg/m³)和比热容(J/(kg·℃));T 为主轴位置(x,y,z)在 t 时刻的温度,℃;t 为时间,s;k_x、k_y 和 k_z 分别为 x、y 和 z 方向的热导率,W/(m·℃);Q 为单位体积热源的生热量,W/m³。

式(3.28)中,等式左边是微体温升所需的热量,等式右侧前三项分别为沿着 x、y 和 z 方向传入微体的热量,最后一项是微体内部热源产生的热量。因此,微体升温所需热量应与微体内热源产生热量及传入微体的热量相平衡。

已知主轴内温升为 ΔT,其内各点的微小长度如果不受约束,将发生 $\alpha\Delta T$ 的正应变,其中 α 为线膨胀系数,在各向同性材料中,它不随方向而变,即正应变在所有方向上都相同,因此就不伴随任何剪应变。同时,假设 α 不随温度的改变而变化。这样,弹性体内各点的变形分量为 $\varepsilon_{xx}=\varepsilon_{yy}=\varepsilon_{zz}=\alpha\Delta T$,$\varepsilon_{xy}=\varepsilon_{yz}=\varepsilon_{zx}=0$。

由于电主轴所受的外在约束以及体内各部分之间的相互约束,上述变形不能自由发生,于是在体内产生热应力,而该热应力又将由物体的弹性引起附加的变形,则总的变形分量为[19]

$$\begin{cases} \varepsilon_x = \dfrac{1}{E}\left[\sigma_x - \mu(\sigma_y + \sigma_z)\right] + \alpha\Delta T \\[2mm] \varepsilon_y = \dfrac{1}{E}\left[\sigma_y - \mu(\sigma_x + \sigma_z)\right] + \alpha\Delta T \\[2mm] \varepsilon_z = \dfrac{1}{E}\left[\sigma_z - \mu(\sigma_y + \sigma_x)\right] + \alpha\Delta T \end{cases} \tag{3.29}$$

式中,ε_x、ε_y 和 ε_z 分别为主轴 x、y 和 z 方向的变形分量,μm;E 为材料的弹性模量,MPa;μ 为泊松比;α 为材料的线膨胀系数;ΔT 为主轴温升,℃;σ_x、σ_y 和 σ_z 分别为主轴 x、y 和 z 方向的应力分量,Pa。

空间平衡微分方程为

$$\begin{cases} \dfrac{\partial \sigma_x}{\partial x} + \dfrac{\partial \tau_{yx}}{\partial y} + \dfrac{\partial \tau_{zx}}{\partial z} + f_x = 0 \\[2mm] \dfrac{\partial \sigma_y}{\partial y} + \dfrac{\partial \tau_{zy}}{\partial z} + \dfrac{\partial \tau_{xy}}{\partial x} + f_y = 0 \\[2mm] \dfrac{\partial \sigma_z}{\partial z} + \dfrac{\partial \tau_{xz}}{\partial x} + \dfrac{\partial \tau_{yz}}{\partial y} + f_z = 0 \end{cases} \tag{3.30}$$

空间几何方程为

$$\begin{cases} \varepsilon_x = \dfrac{\partial u}{\partial x} \\[2mm] \varepsilon_y = \dfrac{\partial v}{\partial y} \\[2mm] \varepsilon_z = \dfrac{\partial w}{\partial z} \\[2mm] \gamma_{yz} = \dfrac{\partial w}{\partial y} + \dfrac{\partial v}{\partial z} \\[2mm] \gamma_{zx} = \dfrac{\partial u}{\partial z} + \dfrac{\partial w}{\partial x} \\[2mm] \gamma_{xy} = \dfrac{\partial v}{\partial x} + \dfrac{\partial u}{\partial y} \end{cases} \tag{3.31}$$

给出温度分布,求解上述微分方程组,即可得到热弹性力学的应力、应变和位移。

参 考 文 献

[1] Gmyrek Z, Boglietti A, Cavagnino A, et al. Estimation of iron losses in induction motors: Calculation method, results, and analysis. IEEE Transactions on Industry Electronics, 2010, 57(1):161-171.

[2] 赵海森,刘晓芳,罗应立. 电压偏差条件下笼型感应电机的损耗特性. 电机与控制学报, 2010,14(5):13-19.

[3] 黄平林,胡虔生,崔扬,等. PWM 逆变器供电下电机铁芯损耗的解析计算. 中国电机工程学报,2007,27 (12):19-23.

[4] 曾令全,魏辉,李华. PWM 型逆变器输出谐波对异步电机损耗的影响特性. 微电机,2011, 4(44):68-71.

[5] 罗成,王祥珩,宁圃齐. 十二相高速异步发电机转子损耗. 清华大学学报,2006,46(1):9-12.

[6] 岑兆奇. 变频调速三相异步电动机的设计问题. 电机技术,1996,(2):23.

[7] Zhang L X, Wu Y H, Wang L Y. Analysis on the influence of vibration performance of air-gap of ceramic motorized spindle. Advanced Materials Research, 2011, 335-336: 547-551.

[8] Ma P, Zhou B, Li D N, et al. Thermal analysis of high speed built-in spindle by finite element method. Advanced Material Research,2011,(188):596-601.

[9] 吴玉厚,田峰,Albert J S,等. 基于 LabVIEW 的全陶瓷电主轴温度检测模块的设计与实验分析. 机床与液压,2012,(17):60-63.

[10] Holkup T, Cao H, Kolář P, et al. Thermo-mechanical model of spindles. CIRP Annals— Manufacturing Technology,2010,59 (1):365-368.

[11] 王跃飞,孙启国,吕洪波. 滚动轴承油气润滑及喷油润滑温度场对比研究. 润滑与密封,

2014,39(2):66-70.

[12] 刘静香. AD1130 电主轴温度场的虚拟仿真分析. 河南机电高等专科学校学报,2009,
6(17):71-74.

[13] 陶文铨. 传热学. 西安:西北工业大学出版社,2006.

[14] 郁岚,卫运钢,尚玉琴. 热工基础及流体力学. 北京:中国电力出版社, 2006.

[15] Staton D A,Cavagnino A. Convection heat transfer and flow calculations suitable for elec-
tric machines thermal models. IEEE Transactions on Industrial Electronics,2008,55 (10):
3509-3516.

[16] Uhlmann E, Hu J. Thermal modelling of a high speed motor spindle. Procedia CIRP,
2012,1:313-318.

[17] 张建文,杨振亚,张政. 流体流动与传热过程的数值模拟基础与应用. 北京:化学工业出版
社,2009.

[18] 徐芝纶. 弹性力学简明教程. 北京:高等教育出版社,2001.

[19] 费业泰. 机械热变形理论及应用. 北京:国防工业出版社,2009.

第4章　主轴动平衡基础理论及方法

电主轴的动态特性很大程度上决定了机床的加工质量和切削能力。在高速旋转或者切削的情况下,电主轴本身以及外界的任何扰动都会引起电主轴的振动。电主轴振动过大会出现剧烈的磨耗和破损,增加主轴承载的动态负荷,降低寿命和精度,影响其动平衡的稳定性,因此对电主轴的动平衡特性进行研究也是高速电主轴系统的热点之一。

4.1　刚性转子的动力学建模

动平衡建立在转子不平衡响应规律的基础上,因此建立转子系统动力学模型,研究转子动态响应与不平衡量和转子系统参数的关系,对主轴系统动态特性研究及动平衡技术具有重要意义。例如,通过研究转速与振动响应之间的关系,可以考察转子的固有频率等参数,为回避临界转速提供参考;考察转子在不同工作条件下的振动状态,为合理设计校正量提供参考;另外,动力学建模与仿真,在选取动平衡方法、设计主轴系统结构等方面也有参考作用。以下动力学建模及仿真主要针对刚性转子。

4.1.1　刚性转子及转子的平衡

在动平衡理论中,刚性转子及转子的平衡相关定义如下:

(1)刚性转子是指在直至最高工作转速的任意转速下旋转,由给定的不平衡量的分布引起的挠曲低于允许限度的转子。如果转子的工作转速相对比较低,其旋转轴线挠曲变形可忽略不计,这样的转子称为刚性转子[1]。

(2)质量单元是描述转子质量分布以及可能随转速变化的有效方法。质量单元可以是有限的元件、零件或部件。

(3)转子的状态由以下三个方面决定,即与转速有关的不平衡状态、待校正的不平衡类型、在转速范围内保持或改变其质量单元相对位置的能力。转子的状态还受转子的设计、结构和装配的影响。

(4)转子不平衡可能是由设计、材料、制造和装配引起的。甚至在批量生产中,每个转子沿其轴向分布都各不相同。在多数情况下,不平衡随转速没有明显变化,只有在特殊情况下,不平衡才有明显变化。刚性转子的不平衡随转速没有明显变化,仅合成不平衡和(或)合成不平衡矩超出规定的限值,而且在转速范围内,转子的所有质量单元的相互位置保持足够恒定。刚性转子的不平衡可以在任意选择的两个平面进行校正。

(5) 转子的平衡是检查并调整转子质量分布的工艺过程,以保证在对应的工作转速下,剩余不平衡、轴颈振动以及作用于支承上的力在规定限值内。

由转速范围和轴承支承状态变化引起的不平衡响应,转子对其的可能接受程度,由相应的平衡允差确定。转速范围包括从静止到最高转速的所有转速,也可能包括超速,以作为工作载荷的裕度。

4.1.2 刚性转子的动力学模型

对于刚性转子,将重力和不平衡引起的变形忽略,刚性转子的动平衡主要遵循的条件是:刚性转子的平衡与转速无关,在某一转速下完成平衡的转子,在其他转速下不会明显地超过平衡允差。

刚性转子模型如图 4.1 所示。建立两个坐标系,固定坐标系 $O\text{-}XYZ$,旋转坐标系 $o\text{-}xyz$,o 点位于主轴质心,两个坐标系初始时重合。设转子左端的弹簧刚度与阻尼分别为 k_1 和 c_1,转子右端的弹簧刚度与阻尼分别为 k_2 和 c_2,转子的质量为 m,不平衡质量为 m_u,主轴在质心绕 x、y 和 z 轴的转动惯量分别为 J_x、J_y 和 J_z,不平衡质量 m_u 在 $o\text{-}xyz$ 坐标系下的坐标为 (u_x, u_y, u_z)。一般转子的轴向位移很小,可以忽略不计,转子的状态可以用质心的位置 (X, Z)、轴端的位移 (X_1, Z_1) 和 (X_2, Z_2),以及 $o\text{-}xyz$ 相对于 $O\text{-}XYZ$ 的转角 (θ, φ) 表示。基于以上假设,结合转子动力学原理,建立主轴动力学方程为

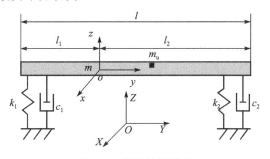

图 4.1 刚性转子模型

$$\begin{cases} m\ddot{X} + c_1\dot{X}_1 + c_2\dot{X}_2 + k_1X_1 + k_2X_2 = m_u\omega^2[u_x\cos(\omega t) + u_z\sin(\omega t)] \\ m\ddot{Z} + c_1\dot{Z}_1 + c_2\dot{Z}_2 + k_1Z_1 + k_2Z_2 = m_u\omega^2[u_z\cos(\omega t) - u_x\sin(\omega t)] \\ J_x\ddot{\theta} - c_1\dot{X}_1l_1 + c_2\dot{X}_2l_2 - k_1X_1l_1 + k_2X_2l_2 - J_y\omega\dot{\varphi} = -m_u\omega^2[u_z\cos(\omega t) - u_x\sin(\omega t)]u_y \\ J_z\ddot{\varphi} - c_1\dot{Z}_1l_1 + c_2\dot{Z}_2l_2 - k_1Z_1l_1 + k_2Z_2l_2 - J_y\omega\dot{\theta} = m_u\omega^2[u_x\cos(\omega t) + u_z\sin(\omega t)]u_y \end{cases}$$

$$(4.1)$$

式中,转子绕 $o\text{-}xyz$ 的转动惯量为

$$J_x = J_z = \frac{1}{3}m(l_1^2 - l_1 l_2 + l_2^2) \tag{4.2}$$

$$J_y = \frac{1}{2}mr^2 \tag{4.3}$$

因为 $l = l_1 + l_2$,且转子在振幅较小时可以满足:

$$\begin{cases} X_1 = X - l_1\sin\theta \approx X - l_1\theta \\ X_2 = X - l_2\sin\theta \approx X - l_2\theta \\ Z_1 = Z - l_1\sin\varphi \approx Z - l_1\varphi \\ Z_2 = Z - l_2\sin\varphi \approx Z - l_2\varphi \end{cases} \tag{4.4}$$

所以式(4.1)可以转化为

$$\begin{cases} m\ddot{X} + (c_1 + c_2)\dot{X} + (k_1 + k_2)X - (c_1 l_1 - c_2 l_2)\dot{\theta} - (k_1 l_1 - k_2 l_2)\theta \\ \quad = m_u\omega^2[u_x\cos(\omega t) + u_z\sin(\omega t)] \\[4pt] m\ddot{Z} + (c_1 + c_2)\dot{Z} + (k_1 + k_2)Z - (c_1 l_1 - c_2 l_2)\dot{\varphi} - (k_1 l_1 - k_2 l_2)\varphi \\ \quad = m_u\omega^2[u_z\cos(\omega t) - u_x\sin(\omega t)] \\[4pt] J_x\ddot{\theta} + (c_2 l_2 - c_1 l_1)\dot{X} + (k_2 l_2 - k_1 l_1)X + (c_1 l_1^2 + c_2 l_2^2)\dot{\theta} + (k_1 l_1^2 + k_2 l_2^2)\theta - J_y\omega\dot{\varphi} \\ \quad = -m_u\omega^2[u_z\cos(\omega t) - u_x\sin(\omega t)]u_y \\[4pt] J_z\ddot{\varphi} + (c_2 l_2 - c_1 l_1)\dot{Z} + (k_2 l_2 - k_1 l_1)Z + (c_1 l_1^2 + c_2 l_2^2)\dot{\varphi} + (k_1 l_1^2 + k_2 l_2^2)\varphi + J_y\omega\dot{\theta} \\ \quad = m_u\omega^2[u_x\cos(\omega t) + u_z\sin(\omega t)]u_y \end{cases} \tag{4.5}$$

令 $f_0 = X, f_1 = \dot{X}, f_2 = \theta, f_3 = \dot{\theta}, f_4 = Z, f_5 = \dot{Z}, f_6 = \varphi, f_7 = \dot{\varphi}$,将方程组转换为形如 $\dot{X} = F(X, t)$ 的形式:

$$\begin{cases} \dot{f}_0 = f_1 \\[4pt] \dot{f}_1 = \dfrac{1}{m}\{-(k_1 + k_2)f_0 - (c_1 + c_2)f_1 + (k_1 l_1 - k_2 l_2)f_2 \\ \qquad\quad + (c_1 l_1 - c_2 l_2)f_3 - m_u\omega^2[u_x\cos(\omega t) + u_z\sin(\omega t)]\} \\[4pt] \dot{f}_2 = f_3 \\[4pt] \dot{f}_3 = \dfrac{1}{J_x}\{(k_1 l_1 - k_2 l_2)f_0 + (c_1 l_1 - c_2 l_2)f_1 - (k_1 l_1^2 + k_2 l_2^2)f_2 \\ \qquad\quad - (c_1 l_1^2 + c_2 l_2^2)f_3 + J_y\omega f_7 - m_u\omega^2[u_z\cos(\omega t) - u_x\sin(\omega t)]u_y\} \end{cases} \tag{4.6}$$

$$\begin{cases} \dot{f}_4 = f_5 \\ \dot{f}_5 = \dfrac{1}{m} \{ -(k_1 + k_2) f_4 - (c_1 + c_2) f_5 + (k_1 l_1 - k_2 l_2) f_6 \\ \qquad + (c_1 l_1 - c_2 l_2) f_7 + m_u \omega^2 [u_z \cos(\omega t) + u_x \sin(\omega t)] \} \\ \dot{f}_6 = f_7 \\ \dot{f}_7 = \dfrac{1}{J_z} \{ (k_1 l_1 - k_2 l_2) f_4 + (c_1 l_1 - c_2 l_2) f_5 - (k_1 l_1^2 + k_2 l_2^2) f_6 \\ \qquad - (c_1 l_1^2 + c_2 l_2^2) f_7 + J_y \omega f_3 - m_u \omega^2 [u_x \cos(\omega t) - u_z \sin(\omega t)] u_y \} \end{cases}$$

4.2　不平衡量的表示方法

根据《机械振动　平衡词汇》(GB/T 6444—2008)[2]给出的定义,不平衡量由不平衡质量与其质心到轴线距离(半径)的乘积表示。不平衡相角表示不平衡质量在旋转坐标系中的极角,该坐标系在垂直于转子轴线的平面上,并随转子一起旋转。大小为不平衡量,方向为不平衡相角的矢量称为不平衡矢量。

对于主轴,其在旋转时会因为不平衡质量的作用而受到偏心离心力。转子受离心惯性力示意图如图 4.2 所示,该离心力可以表示为

$$\boldsymbol{F} = me\omega^2 = me \left(\frac{\pi n}{30} \right)^2 \tag{4.7}$$

式中,$\boldsymbol{F}$ 为惯性离心力;m 为不平衡质量;n 为主轴转速;ω 为主轴角频率;e 为主轴不平衡质量的偏心距。

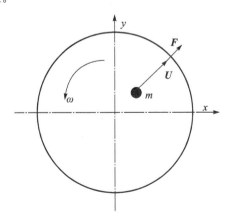

图 4.2　转子受离心惯性力示意图

由式(4.7)可知,当主轴转速不变时,离心力与主轴质量和偏心距的乘积成正比。在主轴动平衡理论中,一般将该乘积 me 称为不平衡矢量 $\boldsymbol{U}$,则有

$$F = U\omega^2 = U\left(\frac{\pi n}{30}\right)^2 \tag{4.8}$$

可见主轴由不平衡质量所引起的惯性离心力与转速及不平衡质量相关。

基于杠杆原理,可以对分布在刚性转子上的不平衡进行等效处理,载荷等效处理如图 4.3 所示,位于 2 个支撑点之间横梁上的载荷 V,等效于分布在 2 个平行面上的载荷 V_1 和 V_2,即

$$V_1 = V\frac{b}{L} \tag{4.9}$$

$$V_2 = V\frac{a}{L} \tag{4.10}$$

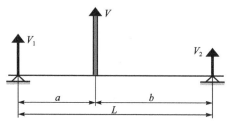

图 4.3　载荷等效处理

通过这种方法,可以将沿转子分布的所有不平衡矢量,在 2 个选定平面上进行等效处理,得到的矢量和称为合成不平衡矢量。合成不平衡矢量表示为

$$U_r = \sum_{k=1}^{K} U_k \tag{4.11}$$

式中,U_r 为合成不平衡矢量;U_k 为第 k 个不平衡矢量,k 为不平衡矢量个数。

沿转子分布的所有不平衡矢量对合成不平衡平面的矩的矢量和,称为合成不平衡矩。合成不平衡与合成不平衡矩一起完整地描述刚性转子的不平衡。合成不平衡矢量与特定的径向平面无关,但是合成不平衡矩的量值和相角方向,取决于所选择的合成不平衡的轴向位置。合成不平衡矢量是动不平衡的等效不平衡矢量的矢量和,合成不平衡矩通常表示为在任意两个不同的径向平面内的一对大小相等、方向相反的不平衡矢量。

合成不平衡矩可表示为

$$P_r = \sum_{k=1}^{K} (Z_{U_r} - Z_k) \times U_k \tag{4.12}$$

式中,P_r 为合成不平衡矩;Z_k 为从一基准点到 U_k 平面的轴向位置的矢量;Z_{U_r} 为从同一基准点到合成不平衡 U_r 平面的轴向位置的矢量。

分析中,可以将实际转子看成由无穷多个厚度很薄的圆盘沿轴向所组成,转子的不平衡分布如图 4.4 所示。图 4.4(a)为多面盘模型。如果组成转子的每一个薄圆盘质量分布均匀,那么转子质心与旋转中心重合,则转子在旋转时,沿各个方向

的离心力的合力为零,转子处于平衡状态。若这些薄圆盘的质心与旋转中心不重合,则会引起转子的不平衡。所有的不平衡量等效在两个平面上,为 U_{I} 和 U_{II},如图 4.4(b)所示。

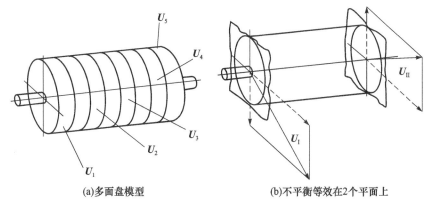

(a)多面盘模型　　　　　　(b)不平衡等效在2个平面上

图 4.4　转子的不平衡分布

4.3　不平衡的分类

依据转子的质心、中心主惯性轴和回转轴的关系,可以将转子的不平衡类型分为以下四种。

1. 静不平衡

转子的中心主惯性轴平行但是偏离于回转轴线的不平衡状态。静不平衡原理如图 4.5 所示,转子的主惯性轴与回转轴线平行但偏离 e,静不平衡多出现于圆盘等轴向长度较小的转子中。

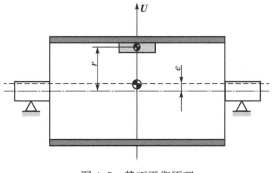

图 4.5　静不平衡原理

2. 准静不平衡

准静不平衡为转子的中心主惯性轴与轴线在质心以外的某一点相交的不平衡状态。准静不平衡原理如图 4.6 所示，转子的主惯性轴与回转轴线不平行，且相交于点 X 处，夹角为 θ，质心偏离回转轴线距离为 e。

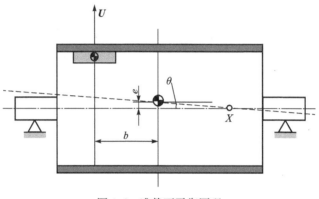

图 4.6　准静不平衡原理

3. 偶不平衡

偶不平衡为转子的中心主惯性轴与轴线在质心相交的不平衡状态。偶不平衡原理如图 4.7 所示，两个测试面的距离为 b，转子的主惯性轴与回转轴线不平行，但相交于质心处，角度为 θ。偶不平衡的量值可由两个动不平衡矢量对轴线上一个参考点的矩的矢量和给出。如果转子上的静不平衡在参考点所在平面以外的任何平面上进行校正，那么偶不平衡将会改变。

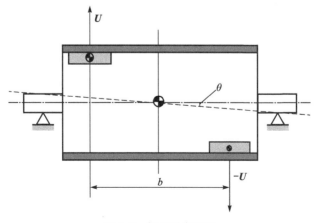

图 4.7　偶不平衡原理

4. 动不平衡

动不平衡为转子的中心主惯性轴相对于回转轴线处于任意位置的状态。动不平衡原理如图 4.8 所示,一般情况下,主惯性轴不与回转轴相交或平行,在特殊情况下,中心主惯性轴可以与轴线平行或相交。

动不平衡可以由两个等效的不平衡矢量给出,这两个等效的不平衡矢量在两个指定的平面(垂直于轴线)内能完全表示转子总的不平衡量。

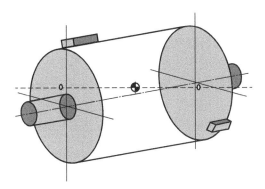

图 4.8 动不平衡原理

4.4 平衡允差规范

不平衡状态能够用一个单独的矢量——不平衡矢量 U 表示。为使转子良好地运转,该不平衡量值(剩余不平衡量 U_{res})不宜大于许用值 U_{per},即

$$U_{res} \leqslant U_{per} \tag{4.13}$$

U_{per} 定义为质心平面内的总允差。对于所有双面平衡的转子,总允差应分配到相应的允差平面。

许用剩余不平衡量与转子的质量成正比,即

$$U_{per} \propto m \tag{4.14}$$

式中,m 为转子质量,kg。

如果许用剩余不平衡的值与转子的质量有关,那么许用剩余不平衡度 e_{per} 为

$$e_{per} = \frac{U_{per}}{m} \tag{4.15}$$

式中,e_{per} 为许用剩余不平衡度,kg·m/kg。

对仅有合成不平衡的转子而言,e_{per} 为质心偏离轴线的距离。对于具有内种类型不平衡量的转子,e_{per} 是一种人为的量,它包含了合成不平衡及合成不平衡矩产

生的影响,因此 e_{per} 一般不能在转子上显示出来。

在实际中,只要轴颈的准确度(圆度、直线度等)满足要求,就能够得到小的 e_{per}。通常,对于相同型式的转子,许用剩余不平衡度 e_{per} 与转子的工作转速 n 成反比。

对于相同类型的转子,通常许用剩余不平衡度 e_{per} 与转子的工作转速 n 成反比,即

$$e_{per} \propto \frac{1}{n} \tag{4.16}$$

对于以相同的转速运行的几何形状相似的转子,转子内的应力与轴承载荷比是相同的。对于转子的工作转速比设计最高转速低得多的转子,如最高转速设计成 3000r/min 的某些类型的交流电机,转子在转速为 1000r/min 下使用,这种相似规则可能过于严格,在这种情况下,容许选用较大的 e_{per}(比例为 3000/1000)。

根据经验和相似条件,已建立了平衡品质级别 G 满足了对典型机械类型的平衡品质要求分级,刚性转子平衡品质分级指南如表 4.1 所示[3]。

表 4.1 刚性转子平衡品质分级指南[3]

机械类型:一般示例	平衡品质级别 G	量值
固有不平衡的大型低速船用柴油机的曲轴传动装置	G4000	4000
固有平衡的大型低速船用柴油机的曲轴传动装置	G1600	1600
弹性安装的固有不平衡的曲轴驱动装置	G630	630
刚性安装的固有不平衡的曲轴驱动装置	G250	250
汽车、卡车和机车用的往复式发动机整机	G100	100
汽车车轮、轮箍、车轮总成、传动轴、弹性安装的固有平衡的曲轴驱动装置	G40	40
农业机械、刚性安装的固有平衡的曲轴驱动装置、粉碎机、驱动轴(万向传动轴、螺桨轴)	G16	16
航空燃气轮机、离心机(分离机、倾注洗涤器)、最高额定转速达 950r/min 的电动机和发电机(轴中心高子不低于 80mm)、轴中心高小于 80mm 的电动机、风机、齿轮、通用机械、机床、造纸机、流程工业机器、泵、透平增压机、水轮机	G6.3	6.3
压缩机、计算机驱动装置、最高额定转速大于 950r/min 的电动机和发电机(轴中心高不低于 80mm)、燃气轮机和蒸汽轮机、机床驱动装置、纺织机械	G2.5	2.5
声音、图像设备、磨床驱动装置	G1	1
陀螺仪、高精密系统的主轴和驱动件	G0.4	0.4

在根据主轴的类型选定了动平衡品质级别 G 之后,结合主轴的质量,可求得主轴的许用不平衡量量值为

$$U_{per} = 1000 \frac{e_{per}\omega m}{\omega} \tag{4.17}$$

式中,$e_{per}\omega$ 为所选用的平衡品质级别的数值,mm/s;ω 为角频率,rad/s。

根据平衡品质级别 G 和工作转速 n 确定的许用剩余不平衡度如图 4.9 所示。根据图 4.9[4] 查出主轴的许用剩余不平衡度 e_{per},再结合主轴的质量 m,可求得主轴的许用不平衡量量值为

$$U_{per} = e_{per} m \tag{4.18}$$

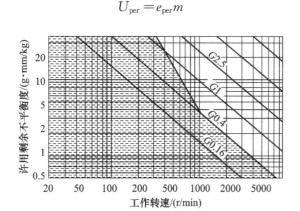

图 4.9　根据平衡品质级别 G 和工作转速 n 确定的许用剩余不平衡度[4]

4.5　校正平面的选择

确定平衡允差时,最好选用规定的参考平面。对于这些参考平面,只要求每个平面上剩余不平衡量小于各自的允差值,不考虑相位角在何位置。对于刚性转子,平衡允差总是有两个理想的平面。在大多数情况下,这些平面在支承平面附近。

超出平衡允差的转子需要校正,这些不平衡量的校正,有时不能在选定的允差平面上进行,而不得不在方便增加、去除材料,或者重新配置材料的转子平面上进行。所需的校正平面的数目,取决于转子初始不平衡量的大小和分布、转子的设计以及校正平面与允差平面的相对位置。通常,将允差平面选择在校正平面以简化运算。

有些转子仅仅合成不平衡超出允差,合成不平衡矩在允差许可范围之内。只要转子能满足支承间距足够大、旋转时的轴向跳动足够小,并适当地选择校正平面,可以进行单面平衡。

对转子进行单面平衡以后,所测定的最大的剩余不平衡力矩除以支承间距,可得出不平衡力偶(一对不平衡量)。即使在最坏的情况下,如果用这种方法得出的不平衡量是可以接受的,那么能够预计单面平衡就足够了。对于单面平衡,转子可以不旋转,但出于灵敏度和准确度的考虑,大多数情况下仍然会旋转转子,以使合成不平衡能够被测定。

如果刚性转子不满足单面平衡的条件,那么就需要减小不平衡矩。在一般情况下,合成不平衡与合成不平衡矩,两者共同形成了动不平衡。在双平面上的两个不平衡矢量称为等效不平衡矢量。对于双面动平衡,需要旋转转子,否则无法检测到不平衡矩。

虽然所有的刚性转子在理论上都能够在两个平面上平衡,但是也有使用两个以上的校正平面的情况,如在合成不平衡和不平衡矩分开校正情况下,合成不平衡不能在双面中的一个(或两个)上进行校正,以及沿转子轴向分散校正时。在特殊情况下,因为校正平面受到了限制(如在多个配重块上钻孔来校正曲轴),或者为了保证转子的功能和强度,可能需要沿着转子轴向分散校正。

4.6　转子系统的现场动平衡

转子现场动平衡,又称整机动平衡,是机器安装在工作位置后进行的动平衡。机器的最终运转条件和振动状态,与转速、轴承支撑、转子刚度、整体刚度、驱动条件以及机器负载等都有关系。其动平衡是利用测振仪器,直接地在工作机械上对转子加以检测并平衡[5]。在现场动平衡中,不平衡量的测量和不平衡量的调整是两个关键方面。与在专门的平衡机上进行平衡相比,现场动平衡有一些明显的优点,随着机械向大型化和高速化发展,越来越受到重视。

转子可分为刚性和挠性两种,对这两种转子进行动平衡的方法是有区别的。刚性转子现场动平衡常用影响系数法,而挠性转子可以采用振型平衡法和影响系数法的组合[6]。

4.6.1　刚性转子动平衡原理

对于刚性转子,平衡问题只需要消除不平衡矢量和不平衡矩的影响。转子的不平衡是分布在整个转子上的,即把沿轴线的所有不平衡量向质心简化为一个合力和一个合力偶。将转子的不平衡分解在两个方向 x 和 z 上,不平衡量的分解如图 4.10 所示。

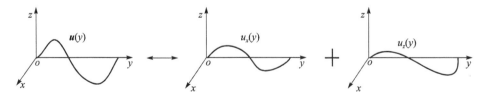

图 4.10　不平衡量的分解

$u(y)$ 表示转子的不平衡量分布函数,可以分解为 $u_x(y)$ 和 $u_z(y)$,它们都是平

面力系,满足

$$\boldsymbol{u}(y) = u_x(y) + \mathrm{j}u_z(y) \tag{4.19}$$

建立 x 和 z 方向上的平衡方程:

$$\begin{cases} \displaystyle\int u_x(y)\mathrm{d}y + \sum_{i=1}^{N} \boldsymbol{Q}_{x,i} = 0 \\ \displaystyle\int u_x(y)y\mathrm{d}y + \sum_{i=1}^{N} \boldsymbol{Q}_{x,i} y_i = 0 \end{cases} \tag{4.20}$$

$$\begin{cases} \displaystyle\int u_z(y)\mathrm{d}y + \sum_{i=1}^{N} \boldsymbol{Q}_{z,i} = 0 \\ \displaystyle\int u_z(y)y\mathrm{d}y + \sum_{i=1}^{N} \boldsymbol{Q}_{z,i} y_i = 0 \end{cases} \tag{4.21}$$

式中, $\boldsymbol{Q}_{x,i}$ 和 $\boldsymbol{Q}_{z,i}$ 分别为 x 和 z 方向的补偿量; y_i 为补偿量的轴向坐标。

当只有两个校正面,即补偿量在同一轴向位置的分量在同一平面时,分量可以合并,复数形式为

$$\begin{cases} \boldsymbol{Q}_1 = \boldsymbol{Q}_{x,1} + \mathrm{j}\boldsymbol{Q}_{z,1} \\ \boldsymbol{Q}_2 = \boldsymbol{Q}_{x,2} + \mathrm{j}\boldsymbol{Q}_{z,2} \end{cases} \tag{4.22}$$

将式(4.21)乘以 j,再与式(4.20)相加,整理后可得刚性转子的动平衡方程为

$$\begin{cases} \displaystyle\int \boldsymbol{u}(y)\mathrm{d}y + \sum_{i=1}^{N} \boldsymbol{Q}_i = 0 \\ \displaystyle\int \boldsymbol{u}(y)y\mathrm{d}y + \sum_{i=1}^{N} \boldsymbol{Q}_i y_i = 0 \end{cases} \tag{4.23}$$

当 $N=2$ 时,方程有唯一解,所以只需要两个补偿量就能进行动平衡,如果 $u(y)$ 表现在校正平面 Ⅰ 和 Ⅱ 上的不平衡量为 U_1 和 U_2,那么在这两个平面上的补偿量 $\boldsymbol{Q}_1$、$\boldsymbol{Q}_2$ 需满足:

$$\begin{cases} \boldsymbol{U}_1 + \boldsymbol{Q}_1 = \boldsymbol{0} \\ \boldsymbol{U}_2 + \boldsymbol{Q}_2 = \boldsymbol{0} \end{cases} \tag{4.24}$$

因此,对于刚性转子的不平衡,只要在两个校正面上进行补偿即可。此外,转子的变形微小,认为转子的不平衡分布随着转速没有变化。

4.6.2　刚性转子动平衡方法

刚性转子的动平衡方法通常有平衡机法和现场平衡法两种,其中现场平衡法应用最为广泛。传统的现场平衡法主要有试加重量周移法、三点法等。这些方法存在起动次数多、精度差、对机器损伤大等弊端。而目前常用的现场平衡法为影响系数法,这种方法可以比较精确地求出补偿量的大小和方向,且起动次数少。

　　影响系数法的定义是:转子与轴承组成的一个线性系统,其振动响应是不平衡量引起的振动响应的线性叠加,平衡面上的单位不平衡量引起的振动响应称为影响系数。

1. 单面平衡影响系数法

　　对转子进行单面动平衡时,只考虑转子的不平衡矢量,而不考虑不平衡矩。单面平衡的影响系数法具体步骤如下:

　　(1) 主轴不加试重,起动主轴至待平衡转速,测量校正平面位置的原始振动矢量 $\boldsymbol{A}_0$ 的幅值和相位。

　　(2) 停机加试重至转子校正平面上,试重矢量为试重质量与位置矢量的乘积,即

$$\boldsymbol{P} = m\boldsymbol{r} \tag{4.25}$$

式中,$\boldsymbol{P}$ 为试重矢量;m 为试重质量;$\boldsymbol{r}$ 为试重位置矢量。

$$m = \frac{M|\boldsymbol{A}_0|}{(10 \sim 15)|\boldsymbol{r}|(n/3000)^2}$$

式中,$\boldsymbol{A}_0$ 为原始振动矢量;M 为转子质量;n 为平衡转速。

　　(3) 重新起动主轴至相同的转速,测量加试重后的振动矢量 $\boldsymbol{A}_1$ 的幅值和相位。

　　通过两次的测量结果以及试重,可以得到影响系数矢量为

$$\boldsymbol{K} = \frac{\boldsymbol{A}_1 - \boldsymbol{A}_0}{\boldsymbol{P}} \tag{4.26}$$

式中,$\boldsymbol{A}_1$ 为加试重后的振动矢量;$\boldsymbol{K}$ 为影响系数矢量,表示校正平面上单位不平衡量在测点处引起的不平衡振动响应。

　　进而得到原始不平衡量 $\boldsymbol{U}$ 为

$$\boldsymbol{U} = -\frac{\boldsymbol{A}_0}{\boldsymbol{K}} \tag{4.27}$$

而补偿量与不平衡量大小相等、方向相反,所以补偿矢量为

$$\boldsymbol{Q} = -\boldsymbol{U} = -\frac{\boldsymbol{A}_0}{\boldsymbol{K}} \tag{4.28}$$

2. 双面平衡影响系数法

　　双面平衡时,不仅需要考虑不平衡矢量,还要考虑不平衡矩。与单面平衡影响系数法相同,刚性转子的双面平衡影响系数法,通过加试重获取系统的影响系数和不平衡量。转子双面动平衡系统模型如图 4.11 所示,平面 Ⅰ、Ⅱ 分别是转子的两个校正面。

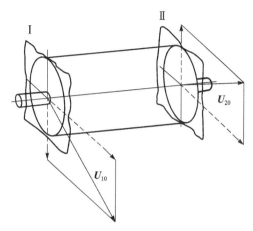

图 4.11 转子双面动平衡系统模型

双面平衡影响系数法过程与单面平衡影响系数法类似,区别在于增加了试重和测点,过程如下:

(1)主轴不加试重,起动主轴至待平衡转速,测量两个校正平面 I 和 II 处的原始振动矢量(包括幅值和相位)分别为 A_{10} 和 A_{20}。

(2)停机加第一次试重 P_1 至转子校正平面 I 上,测得两处振动响应为 A_{11} 和 A_{21}。

(3)类似地,停机取下平面 I 的试重 P_1,在平面 II 添加第二次试重 P_2,测得两处振动响应为 A_{12} 和 A_{22}。

通过两次测量结果以及试重,可以计算影响系数矢量为

$$\begin{cases} K_{11} = \dfrac{A_{11} - A_{10}}{P_1} \\ K_{21} = \dfrac{A_{21} - A_{20}}{P_1} \\ K_{12} = \dfrac{A_{12} - A_{10}}{P_2} \\ K_{22} = \dfrac{A_{22} - A_{20}}{P_2} \end{cases} \tag{4.29}$$

式中,P_j 表示第 j 次试重;K_{ij} 表示试重 j 在校正平面 i 上的影响系数矢量;A_{ij} 表示在 i 面的第 j 次测量的振动响应,其量值为幅值。

由于原始振动与原始不平衡的关系为

$$\begin{cases} A_{10} = K_{11}U_{10} + K_{12}U_{20} \\ A_{20} = K_{21}U_{10} - K_{22}U_{20} \end{cases} \tag{4.30}$$

得到原始不平衡矢量 U 为

$$\begin{cases} \boldsymbol{U}_{10} = \dfrac{\boldsymbol{A}_{12}\boldsymbol{K}_{22} - \boldsymbol{A}_{22}\boldsymbol{K}_{12}}{\boldsymbol{K}_{11}\boldsymbol{K}_{22} - \boldsymbol{K}_{12}\boldsymbol{K}_{21}} \\ \boldsymbol{U}_{20} = \dfrac{\boldsymbol{A}_{22}\boldsymbol{K}_{11} - \boldsymbol{A}_{12}\boldsymbol{K}_{21}}{\boldsymbol{K}_{11}\boldsymbol{K}_{22} - \boldsymbol{K}_{12}\boldsymbol{K}_{21}} \end{cases} \tag{4.31}$$

所以补偿量为

$$\begin{cases} \boldsymbol{Q}_1 = -\boldsymbol{U}_{10} \\ \boldsymbol{Q}_2 = -\boldsymbol{U}_{20} \end{cases} \tag{4.32}$$

4.7　挠性转子的动平衡

挠性转子是工作转速接近或者超越转子的一阶弯曲临界转速的转子。对于细而长的转子,因挠(柔)性增加,使得转子的临界转速大大下降,工作转速将超过第一阶临界转速或第二阶临界转速、第三阶临界转速。挠性转子与刚性转子振动的不同特点在于挠性转子在不平衡质量离心力作用下要产生变形,即所谓弹性弯曲(动挠度),同时其变形程度(弹性弯曲线)亦随转速而变化(即不同转速下对应的挠度曲线的形状不同)。挠性转子由于其本身的刚度差,在高速旋转时中,其不平衡离心力产生的转子动挠度将进一步产生附加离心力,甚至达到相当大以致造成转子强烈振动。

对挠性转子进行动平衡的方法有多种,但是影响系数法和振型平衡法应用最广泛。挠性转子的影响系数法是一种多平面多转速下的影响系数平衡法,即在多个平衡转速下进行平衡,同时也相应地增加校正面的个数,它是在刚性转子影响系数平衡法基础上的推广。振型平衡法是基于各阶主振型谐量与其他阶振型挠度之间的正交性原理和逐阶平衡的原理。下面分别介绍这两种方法。

1. 影响系数法

采用影响系数法平衡柔性转子时,需要增加平衡转速和校正平面的数目。类似于单面平衡影响系数法和双面平衡影响系数法,校正量及影响系数之间的关系表示为

$$\boldsymbol{U}_0 + \boldsymbol{KQ} = 0 \tag{4.33}$$

式中,$\boldsymbol{K}$ 为影响系数矩阵;$\boldsymbol{U}_0$ 为系统初始振动矩阵,且 $\boldsymbol{U}_0(n,m)$ 表示转速为 ω_n 时,测点 m 的初始振动;$\boldsymbol{Q}$ 为平衡初始振动所需补偿矢量。

$$\boldsymbol{K} = \begin{bmatrix} \boldsymbol{K}_{M1}^N & \boldsymbol{K}_{M2}^N & \cdots & \boldsymbol{K}_{Md}^N & \cdots & \boldsymbol{K}_{MD}^N \end{bmatrix}$$

$$\boldsymbol{K}_{Md}^N = \begin{bmatrix} \boldsymbol{K}_{1d}^1 & \boldsymbol{K}_{1d}^2 & \cdots & \boldsymbol{K}_{1d}^n & \cdots & \boldsymbol{K}_{1d}^N \\ \vdots & \vdots & \vdots & \vdots & & \\ \boldsymbol{K}_{md}^1 & \boldsymbol{K}_{md}^2 & \cdots & \boldsymbol{K}_{md}^n & \cdots & \boldsymbol{K}_{md}^N \\ \vdots & \vdots & \vdots & \vdots & & \vdots \\ \boldsymbol{K}_{Md}^1 & \boldsymbol{K}_{Md}^2 & \cdots & \boldsymbol{K}_{Md}^n & \cdots & \boldsymbol{K}_{Md}^N \end{bmatrix} \tag{4.34}$$

式中，K_{md}^n 为平衡转速为 $\omega_n(n=1,2,\cdots,N)$ 时，校正面 $d(d=1,2,\cdots,D)$ 相对于测点 $m(m=1,2,\cdots,M)$ 的影响系数矢量。

$$U_0 = [U_0(1,1) \quad \cdots \quad U_0(n,m) \quad \cdots \quad U_0(N,M)]^{\mathrm{T}} \tag{4.35}$$

$$Q = [Q_1 \quad Q_2 \quad \cdots \quad Q_{\mathrm{D}}]^{\mathrm{T}} \tag{4.36}$$

可以看出，当 K 为非奇异方阵时，即 $D=M\times N$ 时，方程才有唯一解。也就是说，柔性转子多面影响系数法需要满足：校正平面数等于测点数乘以平衡转速数。通常，转子不能提供足够的校正面，方程组没有唯一解。此时常用的方法是放弃各个测点振动响应都为零的要求，采用最小二乘法使残余振动最小。

2. 振型平衡法

挠性转子不平衡状态可以用模态不平衡表示，模态不平衡也称为振型不平衡，基于各阶振型的弯曲曲线来表示，如果各个不平衡矢量 U_k 按各自的纵坐标衡量，就得到单个振型不平衡：

$$U_{n,k} = U_k \times \Phi_n(Z_k) \tag{4.37}$$

式中，$U_{n,k}$ 为单个振型不平衡矢量；U_k 为单个不平衡矢量；$\Phi_n(Z_k)$ 为 n 阶振型函数，$n=1,2,\cdots,m$。

某一阶振型的所有不平衡描述了振型不平衡的分布，而这些不平衡相加得到合成模态不平衡：

$$U_{n,r} = \sum_{k=1}^{r} U_{n,k} \tag{4.38}$$

n 阶合成模态不平衡表示在某一阶振型中不平衡的分布。每一个不平衡量 U_k 可以分解为与之对应的各阶主振型的不平衡分量，由于主振型的正交性，某一阶振型的不平衡分量只能激起该阶的挠度分量。因此，在转子上加上与各阶振型成正比的补偿量就可以消除各阶不平衡分量。

4.8　振动信号提取算法

动平衡处理的前提是获取振动信号。在现场信号的采集过程中，由于现场工作环境的干扰、操作误差以及采样误差等，采集信号中会有异常数据的存在，这些点的采集数据使模/数（analog/digital，A/D）转换后的离散数据拟合的曲线呈折线形状且毛刺多，会加大数据处理结果的误差，影响信号幅值和相位的提取精度。使用曲线拟合的方法剔除奇异点，然后根据数据统计学原理在原来的位置补充适当的点，可以达到削弱干扰成分、提高曲线光滑度的目的。

4.8.1　振动信号平滑处理算法

常见的数值逼近拟合方式有线性插值、埃尔米特插值、最小二乘插值和样条插值等。其中,三次样条插值原理为:三次样条插值函数将采集的离散数据点拟合成分段的三次多项式曲线,拟合后的曲线不仅保持了原来曲线的变化特性,而且有效减小了采样误差,在一定程度上提高了振动幅值的提取精度。三次样条插值具有较好的稳定性和光滑性,而且拟合后的信号与实际的振动信号相接近,实用价值较高。

现有一组试验过程中采集到的 n 个观测值 (x_i, p_i),$i=1,2,\cdots,n$。其中,x_i 为采样时间,p_i 为振动值。当 x_i 和 p_i 变量存在三次曲线函数关系时,可以假设函数二阶导数 $y''(x_i)=M_i (i=1,2,\cdots,n)$,由于 $y(x)$ 在区间 $[x_i, x_{i+1}]$ 上为三次曲线函数,求导两次后 $y''(x_i)$ 可设为线性函数:

$$y''(x) = M_i \frac{x_{i+1}-x}{\alpha_i} + M_{i+1} \frac{x-x_i}{\alpha_i}, \quad i=1,2,\cdots,n \qquad (4.39)$$

式中,$\alpha_i = x_{i+1} - x_i$ 为插值基函数。

对 $y''(x)$ 积分两次,并利用 $y(x_i)=p_i$,$y(x_{i+1})=p_{i+1}$,可得

$$y(x) = M_i \frac{(x_{i+1}-x)^3}{6\alpha_i} + M_{i+1} \frac{(x-x_i)^3}{6\alpha_i} + \left(p_i - \frac{M_i \alpha_i^2}{6}\right) \frac{x_{i+1}-x}{\alpha_i}$$

$$+ \left(p_{i+1} - \frac{M_{i+1} \alpha_i^2}{6}\right) \frac{x-x_i}{\alpha_i}, \quad i=1,2,\cdots,n \qquad (4.40)$$

为了求 M_i,对 $y(x)$ 求导,可得

$$y'(x) = -M_i \frac{(x_{i+1}-x)^2}{2\alpha_i} + M_{i+1} \frac{(x-x_i)^2}{2\alpha_i} + \frac{p_{i+1}-p_i}{\alpha_i} - \frac{M_{i+1}-M_i}{6}\alpha_i, \quad i=1,2,\cdots,n$$

$$\qquad (4.41)$$

$$y'(x_i+0) = -\frac{\alpha_i}{3}M_i - \frac{\alpha_i}{6}M_{i+1} + \frac{p_{i+1}-p_i}{\alpha_i}, \quad i=1,2,\cdots,n \qquad (4.42)$$

同理可得

$$y'(x_i-0) = \frac{\alpha_{i-1}}{6}M_{i-1} + \frac{\alpha_{i-1}}{3}M_i + \frac{p_i-p_{i+1}}{\alpha_{i-1}}, \quad i=1,2,\cdots,n \qquad (4.43)$$

根据 $y'(x_i+0)=y'(x_i-0)$,可得

$$\mu_i M_{i-1} + 2M_i + \lambda_i M_{i+1} = d_i, \quad i=1,2,\cdots,n \qquad (4.44)$$

式中,

$$\mu_i = \frac{\alpha_{i-1}}{\alpha_{i-1}-\alpha_i}$$

$$\lambda_i = \frac{\alpha_i}{\alpha_{i-1}+\alpha_i}$$

$$d_i = 6 \frac{p(x_i, x_{i+1}) - p(x_{i-1}, x_i)}{\alpha_{i-1}+\alpha_i}$$

根据边界条件 $f'(x_0)=p_0'$,$f'(x_n)=p_n'$,可得

$$2M_0 + M_1 = \frac{6}{\alpha_0}(p(x_0,x_1) - p_0') \tag{4.45}$$

$$M_{n-1} + 2M_n = \frac{6}{\alpha_{n-1}}(p_n' - p(x_{n-1},x_n)) \tag{4.46}$$

由此求得 M_i，从而求出三次样条拟合函数。

4.8.2　基于时域平均和 FIR 滤波的信号预处理

现场采集的振动信号含有大量高频噪声信号，由于高频噪声是随机信号，可以通过时域平均来抑制高频噪声信号。时域平均算法的步骤为先截取处理后曲线的 N 个周期，然后叠加 N 个周期信号，求出其所对应的幅值最大值和时间，时域平均后的信号能够有效降低信号噪声，提高信号的信噪比，具体的时域平均过程如下所述。

采样信号的表达式为

$$S(t) = Y(t) + n(t) \tag{4.47}$$

式中，$Y(t)$ 为采样信号中的周期信号成分；$n(t)$ 为采样信号中的噪声。

以周期信号的周期来截取 N 段 $S(t)$，然后将 N 段信号进行叠加，可得

$$s(t_i) = N_Y(t_i) + \sqrt{N_n(t_i)} \tag{4.48}$$

对 N 段求和之后的信号除以 $\sqrt{N}$，求得平均信号为

$$\bar{S}(t_i) = Y(t_i) + \frac{n(t_i)}{\sqrt{N}} \tag{4.49}$$

由式(4.49)可以看出时域平均之后的噪声信号幅值减小到了原来的 $1/\sqrt{N}$，由此可知，叠加的信号周期越多，抑制高频噪声的效果越好。

信号的高频成分得到有效降低后，需要对信号的其他异频成分进行处理，只保留频率在转频附近的信号成分，数字滤波器具有筛选不同频率信号的功能，当转子频率较低时选择低通滤波器，同时保证设置的通带截止频率大于转频；当转子频率较高时选择带通滤波器，同时保证转频高于通带的低截止频率并低于通带的高截止频率。

在设计滤波器时，最关键是要考虑滤波器的稳定性，且使信号的相位产生线性偏移，结合以上两点选取了稳定性好、精度高的有限冲击响应(finite impulse response，FIR)滤波器，FIR 滤波器的原理如图 4.12 所示，信号通过 FIR 滤波器后相位产生严格的线性偏移。

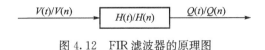

图 4.12　FIR 滤波器的原理图

$V(t)$ 为滤波器的输入信号,在滤波器中经滤波处理后,输出 $Q(t)$ 信号,$h(t)$ 为滤波器的脉冲响应函数,对其进行复频域的 Z 变换后便可得到 FIR 滤波器的离散系统函数,其表达式为 $H(z) = \sum_{n=0}^{M} h(n) z^{-n}$,$V(n)$、$h(n)$ 和 $Q(n)$ 分别为上述信号离散后的值,$V(f)$、$h(f)$、$Q(f)$ 分别为上述信号的频谱,则存在

$$Q(n) = \sum_{i=0}^{n} V(i) h(n-i) \tag{4.50}$$

$$Q(f) = V(f) h(f) \tag{4.51}$$

从频域上看,信号滤波处理的过程实际为将输入信号与滤波器脉冲响应信号变换到频域后再进行相乘,通过改变滤波器的频谱 $h(f)$,便可实现输入信号某些频谱成分的舍去、减弱或增强,从而得到理想的输出信号。从时域上看,输入信号与滤波器的冲击响应进行卷积后便实现了信号的滤波处理过程,因此数字滤波器功能的实现可以通过软件算法程序来实现,因此 FIR 滤波器具有较大的灵活性,可方便地改变滤波器的各项参数来得到所需要的数据。

FIR 滤波器的设计方法有频率采样法、窗函数法和等波纹逼近法等多种设计方法,等波纹逼近法和窗函数法,滤波后的信号都变得有规律,且相位都产生严格的线性偏移,但是采用窗函数法设计滤波器时,滤波后的信号能量产生泄漏,幅值明显减小。在滤波器阶数相同的情况下,等波纹逼近滤波器通带和阻带波纹度要明显小于窗函数滤波器的波纹度,具有均匀的误差,实现起来更稳定;其通频带范围明显大于窗函数的通频带范围且过渡带的时间明显小于窗函数的过渡带时间,具有良好的阻带衰减特性和边缘频率。等波纹逼近滤波器在设计时考虑影响滤波器性能的滤波器的阶次设计问题,根据以下公式对其进行计算,同时在设计滤波器的通带边界频率时要根据实际的工况、采样率、滤波器的阶数、通带特性、阻带衰减特性来确定。

$$N = \frac{2}{3} \frac{1}{h} \lg \frac{1}{10 \beta_1 \beta_2} \tag{4.52}$$

式中,β_1 为通带波纹;β_2 为阻带波纹;h 为归一化过渡带宽。

4.8.3 信号提取方法

自动跟踪滤波被用于提取基频振动信号。振动信号可以表示为

$$s(t) = a_0 + a_1 \sin(\omega_1 t + \phi_1) + \sum_{i=2}^{n} a_i \sin(\omega_i t + \phi_i) + n(t) \tag{4.53}$$

式中,a_0 为直流分量;a_1 为基频信号幅值;ϕ_1 为基频信号相位;a_i 为异频信号幅值;ω_i 为各信号频率;ϕ_i 为异频信号相位;$n(t)$ 为各种干扰信号;n 为振动的最大倍频数。

设基频转速信号的频率为 ω_1，则参考信号为

$$y(t) = \sin(\omega_1 t) \tag{4.54}$$

$$z(t) = \cos(\omega_1 t) \tag{4.55}$$

自动跟踪相关滤波原理为：将 $s(t)$ 分别与 $y(t)$、$z(t)$ 分别相乘，即

$$s(t)y(t) = \frac{a_1}{2}\cos\phi_1 + a_0\sin(\omega_1 t) + n(t)\sin(\omega_1 t) - \frac{a_1}{2}\cos(2\omega_1 t + \phi_1)$$

$$- \frac{1}{2}\sum_{i=2}^{n} a_i\{\cos[(\omega_1 + \omega_i)t + \phi_i] - \cos[(\omega_1 - \omega_i)t - \phi_i]\} \tag{4.56}$$

$$s(t)z(t) = \frac{a_1}{2}\sin\phi_1 + a_0\cos(\omega_1 t) + n(t)\cos(\omega_1 t) + \frac{a_1}{2}\sin(2\omega_1 t + \phi_1)$$

$$+ \frac{1}{2}\sum_{i=2}^{n} a_i\{\sin[(\omega_1 + \omega_i)t + \phi_i] - \sin[(\omega_1 - \omega_i)t - \phi_i]\} \tag{4.57}$$

从式(4.56)和式(4.57)中可以得出，信号相乘之后，除第一项为直流信号，其他各项均为交流成分，且与转速同频的振动信号的幅值和相位信息集中在直流分量中，因此下一步只需提取出有用的直流分量，可对相乘后的信号进行低通滤波，同时设置足够低的截止频率，便可实现直流分量的提取、异频成分的滤除，然后将滤波后的直流分量分别和参考正弦信号及余弦信号再次进行相乘，最后信号进入加法器，最终可以求得基频不平衡信号，即

$$s(t) = 2\left[\frac{1}{2}a_1\sin\omega_1 t\cos\phi_1 + \frac{1}{2}a_1\cos(\omega_1 t)\sin\phi_1\right] = a_1\sin(\omega_1 t + \phi_1) \tag{4.58}$$

对提取出的基频振动信号进行快速傅里叶变换(fast Fourier transform，FFT)后，索引能量最大的那条谱线对应的幅值和相位便可实现基频振动信号幅值和相位的提取。设离散采样 N 个序列，则离散序列离散傅里叶变换(discrete Fourier transform，DFT)为

$$s(k) = \sum_{n=0}^{N-1} s(n)\mathrm{e}^{-\mathrm{j}\frac{2\pi}{N}nk} \tag{4.59}$$

当 $k=1$ 时，$s(1)$ 为基频分量，可得

$$s(1) = \sum_{n=0}^{N-1} s(n)\mathrm{e}^{-\mathrm{j}\frac{2\pi}{N}n} \tag{4.60}$$

展开后可得

$$b_1' = \sum_{n=0}^{N-1} s(n)\sin\frac{2\pi n}{N} \tag{4.61}$$

则有

$$s(1) = a_1' + \mathrm{j}b_1' = F_1\angle\theta_1 \tag{4.62}$$

周期函数 $s(t)$ 可以用傅里叶级数展开，周期为 T_1 的周期函数的傅里叶级数展开式为

$$s(t) = a_0 + \sum_{k=1}^{\infty} A_k \sin\left(k \frac{2\pi}{T_1} t + \phi_k\right) \tag{4.63}$$

$$A_k = \sqrt{a_k^2 + b_k^2} \tag{4.64}$$

$$\phi_k = \arctan \frac{a_k}{b_k} \tag{4.65}$$

采集信号的采样点数由采样周期 T_s 决定,具体的计算公式为 $N = T_0/T_s$,在一个周期内采样点数足够多时,a_k、b_k 的离散化公式为

$$a_k = 2 \frac{T_s}{T_1} \sum_{n=0}^{N-1} s(nT_s) \cos(k\omega_1 nT_s) = \frac{2}{N} \sum_{n=0}^{N-1} s(nT_s) \cos \frac{2\pi kn}{N} \tag{4.66}$$

$$b_k = 2 \frac{T_s}{T_1} \sum_{n=0}^{N-1} s(nT_s) \sin(k\omega_1 nT_s) = \frac{2}{N} \sum_{n=0}^{N-1} s(nT_s) \sin \frac{2\pi kn}{N} \tag{4.67}$$

将 $s(t)$ 代入式(4.66),并令 $k=1$,可得

$$a_1 = \frac{A_1}{N} \sum_{n=0}^{N-1} \left[\sin\left(\frac{4\pi n}{N} + \phi_1\right) + \sin \phi_1 \right] = A_1 \sin \phi_1 \tag{4.68}$$

同理可得 $b_1 = A_1 \cos \phi_1$,根据 a_1、b_1 的值可求出振动信号的幅值和相位:

$$A_1 = \sqrt{a_1^2 + b_1^2}, \quad \phi_1 = \arctan \frac{a_1}{b_1} \tag{4.69}$$

需要注意的是,求实际不平衡信号的幅值需对傅里叶变换所求的幅值乘以 $2/N$。自动跟踪滤波提取基频振动信号流程如图 4.13 所示。

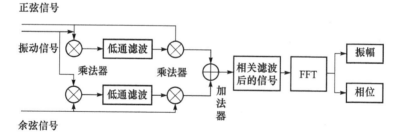

图 4.13　自动跟踪滤波提取基频振动信号流程

参 考 文 献

[1] 谢进,万朝燕,杜立杰. 机械原理. 北京:高等教育出版社,2010.

[2] 中华人民共和国国家标准. 机械振动　平衡词汇(GB/T 6444—2008). 北京:中国标准出版社,2009.

[3] 中华人民共和国国家标准. 机械振动　恒态(刚性)转子平衡品质要求　第 1 部分:规范与平衡允差的检验(GB/T 9239.1—2006). 北京:中国标准出版社,2007.

［4］　安胜利,杨黎明.转子现场动平衡技术.北京:国防工业出版社,2007.

［5］　宾光富,李学军,沈意平,等.基于动力学有限元模型的多跨转子轴系无试重整机动平衡研究.机械工程学报,2016,52(21):78-86.

［6］　欧阳红兵,汪希萱.电磁式在线自动平衡头结构参数的混沌优化.中国机械工程,2000,11(5):557-559.

第5章　电主轴电机定子电阻智能辨识方法

高性能电主轴驱动系统中存在非线性、参数变化、扰动和噪声等控制问题,如何更好地解决上述问题是提高电主轴驱动系统控制精度和控制性能的关键。为此,人们开始运用现代控制理论,不断寻求和采用更先进的控制方法、控制策略和控制技术促使电主轴控制技术达到更高水平。本章分析电主轴控制的难点问题,探索人工智能技术在电主轴参数辨识中的应用。

空间矢量理论是基于多种假设提出的,例如假设磁动势和磁场在空间按正弦分布。然而在实际运行中电主轴内部磁动势及磁场均不是理想的正弦分布,因此其电磁转矩中会产生未知的谐波转矩。在实际控制系统中,通常将其视为一种扰动,不能通过矢量控制自身而只能依赖控制系统的调节器来抑制。因此,矢量控制下电主轴的某些非线性因素仍然是进一步提高其稳态和动态性能的巨大障碍。

通常,矢量控制系统中的位置、速度和电流环均采用常规的比例-积分(proportion-integral,PI)或者比例-积分-微分(proportion-integral-differential,PID)调节器,这些调节器一般是基于线性理论设计的,只能在一个特定运行点或有限的范围内得到较好的控制。基于PI调节器的参数设置对扰动和系统参数的变化非常敏感。可采用模型参考自适应调节器来消除参数变化的影响,以获得良好的动态性能和消除静差。而这种调节器不仅结构十分复杂,实时性差,其设计也严重依赖于精确的数学模型和对参数的准确辨识。

直接转矩控制虽然不是一种基于电主轴数学模型的控制,但是为进行定子磁链和转矩参考值与实际值的比较,在对定子磁链和转矩进行估计时,同样需要准确的电主轴参数,其估计精度和速度估计范围受电主轴参数变化的影响很大。

直接转矩控制需要精确估计定子磁链,利用电压积分法估计定子磁链时,唯一用到的电机参数就是定子电阻,传统的直接转矩控制方式在磁链的估计计算中忽略定子电阻的变化,认为定子电阻为常值。但从电主轴的运行角度看,电主轴定子电阻在电主轴运行一段时间之后,主轴的温度升高,定子电阻的阻值发生变化。定子电阻变化引起磁链观测误差,使电主轴低速下出现振荡,负载能力下降,电流畸变严重,谐波分量大,影响了电机的调速范围。因此,本章以直接转矩控制为主要对象,介绍智能控制技术在直接转矩控制中的应用。

5.1　电主轴定子电阻特性分析

从前述分析可知,为降低直接转矩控制中定子电阻变化对控制性能的影响,需要对电主轴的定子电阻进行辨识。关于直接转矩控制中定子电阻的辨识,实用的在线估计方案主要有两类:第一类包括通过自适应机构来在线辨识定子电阻的方法,主要有基于观测器和基于模型参考自适应系统两种方案[1~8];第二类包括在定子电阻辨识过程中使用人工智能技术如人工神经网络、模糊逻辑控制以及神经模糊控制等方法[9~14]。

5.1.1　定子电阻对直接转矩控制性能的影响

在矢量控制和直接转矩控制中,定子电阻 R_s 的变化对控制结果的影响较大[15]。特别是对直接转矩控制,无论是感应电机还是三相永磁电机,定子电阻都是非常关键的参数。定子磁链和转矩的控制同属于 Bang-Bang 控制,是一种不依赖于电机数学模型的控制方式,因此与参数变化无关。但直接转矩控制需要对定子磁链和转矩进行估计,如果采用电压积分法估计定子磁链,那么在整个控制中唯一用到的电机参数就是定子电阻 R_s,而当定子频率较低时,R_s 的变化对磁链的估计结果影响很大,从而直接影响对转矩估计的准确性。目前,对定子电阻的在线辨识仍是个有待解决的技术问题。

1. 定子电阻对磁链的影响

当定子磁链的观测模型采用 u-i 模型时,定子磁链的计算中存在电主轴唯一的参数为定子电阻。当定子电阻受温度等的影响后,假设定子电阻的变化量为 ΔR_s,由电阻变化引起的电流变化值为 Δi_s,则定子磁链的实际值为

$$\boldsymbol{\psi}_s' = \int_0^t \left[\boldsymbol{U}_s - (\boldsymbol{i}_s + \Delta\boldsymbol{i}_s)(R_s + \Delta R_s) \right] \mathrm{d}t \tag{5.1}$$

此时,定子磁链的观测值为

$$\boldsymbol{\psi}_s^* = \int_0^t \left[\boldsymbol{U}_s - (\boldsymbol{i}_s + \Delta\boldsymbol{i}_s)R_s \right] \mathrm{d}t \tag{5.2}$$

由式(5.1)和式(5.2)可得,定子电阻变化引起的磁链偏差为

$$\begin{aligned}
\Delta\boldsymbol{\psi}_s(t) &= \int_0^t \left[\Delta R_s (\boldsymbol{i}_s + \Delta\boldsymbol{i}_s) \right] \mathrm{d}t \\
&= \int_0^t \left[\Delta R_s (\boldsymbol{i}_s + \Delta\boldsymbol{i}_s) \right] \mathrm{d}t \\
&= \Delta R_s |\boldsymbol{i}_s + \Delta\boldsymbol{i}_s| \int_0^t \mathrm{e}^{\mathrm{j}\omega t} \mathrm{d}t \\
&= \frac{\Delta R_s |\boldsymbol{i}_s + \Delta\boldsymbol{i}_s|}{\mathrm{j}\omega} \mathrm{e}^{\mathrm{j}\omega t} + C
\end{aligned} \tag{5.3}$$

由式(5.3)可知,定子电阻的变化将会影响定子磁链的观测,由定子电阻误差引起的磁链估计误差由不随时间变化的部分和随时间正弦变化两部分组成。因此,定子电阻的误差必然影响直接转矩控制的效果。

2. 定子电阻对转矩的影响

直接转矩控制中,转矩为

$$|\boldsymbol{T}_e| = \frac{3}{2}n_p |\boldsymbol{\psi}_s \times \boldsymbol{i}_s| \tag{5.4}$$

基于式(5.4),定子电阻受温度影响后的变化量为 ΔR_s,电阻变化引起的电流变化值为 $\Delta \boldsymbol{i}_s$,则转矩的实际值为

$$T'_e = \frac{3}{2}n_p |\boldsymbol{\psi}_s \times (\boldsymbol{i}_s + \Delta \boldsymbol{i}_s)| \tag{5.5}$$

此时,转矩的观测值为

$$T^*_e = \frac{3}{2}n_p |\boldsymbol{\psi}^*_s \times (\boldsymbol{i}_s + \Delta \boldsymbol{i}_s)| \tag{5.6}$$

式(5.5)与式(5.6)相减,可得

$$\begin{aligned}
|\Delta \boldsymbol{T}_e| &= T'_e - T^*_e \\
&= \frac{3}{2}n_p |\boldsymbol{\psi}'_s \times (\boldsymbol{i}_s + \Delta \boldsymbol{i}_s)| - \frac{3}{2}n_p |\boldsymbol{\psi}^*_s \times (\boldsymbol{i}_s + \Delta \boldsymbol{i}_s)| \\
&= \frac{3}{2}n_p [|\boldsymbol{\psi}'_s||(\boldsymbol{i}_s + \Delta \boldsymbol{i}_s)|\sin\alpha - |\boldsymbol{\psi}^*_s||(\boldsymbol{i}_s + \Delta \boldsymbol{i}_s)|\sin\beta] \\
&= \frac{3}{2}n_p |(\boldsymbol{i}_s + \Delta \boldsymbol{i}_s)|(|\boldsymbol{\psi}'_s| - |\boldsymbol{\psi}^*_s|)(\sin\alpha - \sin\beta)
\end{aligned} \tag{5.7}$$

从式(5.7)可以看出,电阻变化引起电流变化,并影响磁链的观测。又由于转矩与磁链及电流之间存在耦合关系,电主轴转矩的观测误差与电流幅值和磁链误差幅值有关。可见,定子电阻对直接转矩控制系统的控制性能影响很大。

3. 定子电阻对直接转矩控制性能影响的仿真分析

电主轴定子电阻对直接转矩控制性能的影响主要表现在对定子磁链估计的影响及转矩估计的影响[16]。此外,定子电阻的变化也使直接转矩控制中定子电流的谐波发生变化。为进一步证明这一结论,利用直接转矩控制仿真模型进行仿真试验,转速估计器中 PID 设置为 $K_p=90$、$K_i=1990$、$K_d=35$。仿真过程中将电主轴模型中的定子电阻设置为 $R_s=1.13\Omega$,磁链观测模型中的定子电阻分别设为 $R_s=1.13\Omega$ 及 $R_s=1.2\Omega$,负载转矩 $T_L=3\mathrm{N\cdot m}$,观察定子磁链、输出转矩和定子电流谐波的变化。

定子电阻对磁链的影响如图 5.1 所示。可以看出,当磁链估计模型中的电阻与定子电阻实际值相同时,磁链为六边形磁链。但是当磁链估计模型中的电阻与定子电阻的实际值不相同时,磁链形状发生变化,不再是六边形磁链。

定子电阻对输出转矩的影响如图 5.2 所示。可以看出,当磁链估计模型中的电阻与定子电阻实际值相同时,电主轴输出转矩接近负载转矩,即输出转矩约在 3N•m 波动。但当磁链估计模型中的电阻与定子电阻的实际值不相同时,电主轴输出转矩远远大于负载转矩,转矩失去控制。

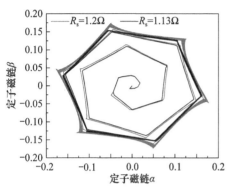

图 5.1　定子电阻对磁链的影响　　　　图 5.2　定子电阻对输出转矩的影响

定子电阻对定子电流谐波的影响如图 5.3 所示。可以看出,当磁链估计模型中的定子电阻不再准确时,定子电流的谐波幅值将大幅增加,这一结果必将导致电主轴的谐波振动及谐波损耗增加。

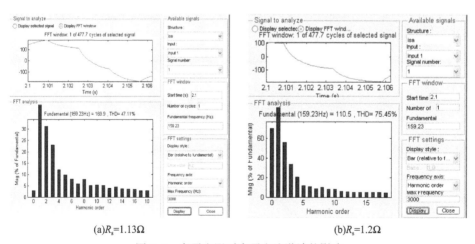

(a)$R_s=1.13\Omega$　　　　　　　　　　　(b)$R_s=1.2\Omega$

图 5.3　定子电阻对定子电流谐波的影响

5.1.2　定子电阻特性分析

1. 影响定子电阻变化因素分析

影响电主轴定子电阻大小及变化的因素与电主轴结构参数及实际运行工况环

境有直接关系。

1）电主轴结构参数对定子电阻的影响

为分析电主轴定子电阻的影响因素，需从定子电阻的计算方法入手。感应电动机定子绕组每相电阻计算公式为[17]

$$R_s = K'_f \rho_\omega \frac{2 N_1 l_\sigma}{A_{\sigma 1} a_1} \tag{5.8}$$

式中，N_1 为每相串联的匝数；l_σ 为线圈半匝平均长度；$A_{\sigma 1}$ 为导体的截面积；a_1 为相绕组的并联支路数；ρ_ω 为基准工作温度的导体的电阻率；K'_f 为电阻增加系数。

电主轴定子电阻除了与每相串联的匝数、线圈半匝平均长度、导体的截面积、相绕组的并联支路数以及导体的电阻率有关，还随着运行时定子频率、定子电流、运行时间及电主轴温度的变化而变化。

2）温度变化对定子电阻的影响

温度变化是影响定子电阻变化的主要因素，电机的定子电阻随温度变化的关系式为[18]

$$R_{s2} = \frac{235 + t_2}{235 + t_1} R_{s1} \tag{5.9}$$

式中，R_{s1} 为温度为 t_1 时的冷态电阻；R_{s2} 为温度为 t_2 时的冷态电阻。

由式（5.9）可以看出，定子电阻随温度的升高而线性增加。

150MD18Z9 型电主轴定子电阻随温度变化如图 5.4 所示。可以看出，定子电阻的变化随温度变化的总趋势与理论值接近，但是有所差别。这说明定子电阻的变化不仅与温度变化有关，还与其他因素有关。

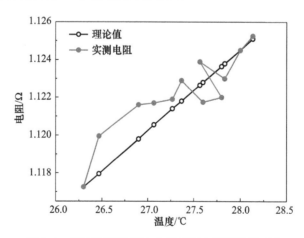

图 5.4　150MD18Z9 型电主轴定子电阻随温度变化

3）定子电流对定子电阻的影响

定子电流对定子电阻的影响主要表现为当电主轴的电流增加时，一方面定子电流的变化导致定子铜耗的增大,并最终导致电主轴温度的上升。另一方面定子电流的增大也将使电主轴漏磁增加,杂散损耗增大。因此,定子电流对定子电阻的影响的本质是温度对定子电阻的影响。

4)频率对定子电阻的影响

异步电机通过改变电源频率而达到调节转速的目的。当电源频率增大时,由于集肤效应的影响,也有可能会造成定子电阻的变化。同时当电机进入弱磁调速范围时,由于磁路饱和,电机内同样会产生集肤效应,这不仅主要使转子电阻和转子电感值发生改变,同样对定子电阻值的变化也产生一定的影响。

2. 定子电阻特性试验研究

采用精度为 0.1% 的 LCR-821 测试仪对 150MD18Z9 型电主轴定子电阻进行检测。定子电阻检测装置如图 5.5 所示。

图 5.5　定子电阻检测装置

1)电主轴定子电阻的检测方法

(1)冷态定子电阻检测。

为保证被测绕组的试验电流不超过其正常运行时电流的 10%,被测电主轴通电的时间不超过 1min。测量时,电主轴转子静止不动。对定子绕组的出线端进行测量。每一电阻测量三次,每次读数与三次读数的平均值之差在平均值的 ±0.5% 范围内,并取三次测量的平均值作为电阻的实际值。由于所测电主轴为星形接法的绕组,各相定子绕组计算公式为

$$\begin{cases} R_a = R_{med} - R_{bc} \\ R_b = R_{med} - R_{ca} \\ R_c = R_{med} - R_{ab} \end{cases} \tag{5.10}$$

初步检测后发现该电主轴定子电阻各线端间的电阻值与三个线端电阻的平均

值之差小于平均值的 2%,故最终定子电阻的实际值为

$$R = \frac{1}{2}R_{av} \qquad (5.11)$$

式中,R_{av}为三个线端电阻的平均值。

(2) 电主轴热态定子电阻及温升检测。

为了分析电主轴温升、电主轴运行时频率和定子电流对定子电阻的影响,必须对电主轴热态定子电阻进行检测。电主轴定子电阻的热态测量采用的试验装置与冷态试验装置相同。不同的是定子电阻热态检测时,要求电主轴在相同的频率下运行120min,每隔10min将电主轴停止运转,电源切断的瞬间立即测取定子电阻、电主轴外壳温度、定子电流及对应的时间。为减小由于断电引起的温度变化对电阻读数的影响,需采用外推法进行修正,即在半对数坐标纸上绘制电阻 R_s 随时间 t 的冷却曲线,其延长线与纵轴的交点作为断电瞬间的电阻值。电主轴定子电流的数值从变频器读取,电主轴温升检测装置如图 5.6 所示,精度为 0.5%。电主轴整体运行中采用直接转矩控制方式,25℃恒温水冷。

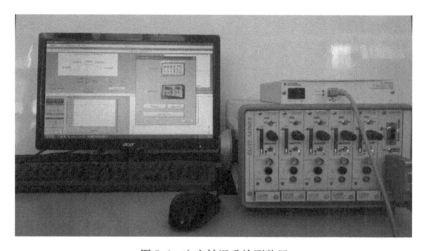

图 5.6　电主轴温升检测装置

2) 试验结果及分析

试验测得 150MD18Z9 型电主轴定子电阻冷态值为 1.07965Ω。定子电阻及其影响因素分析的试验数据如表 5.1 所示[19]。表中定子电阻数据为热态条件下计算处理后的最终数据。

表 5.1　定子电阻及其影响因素分析的试验数据[19]

编号	运行时间/min	频率/Hz	电主轴外壳温度/℃	定子电流/A	定子电阻/Ω
1	10	10	25.1	5.85	1.0860
2	10	15	25.1	5.79	1.0867

续表

编号	运行时间/min	频率/Hz	电主轴外壳温度/℃	定子电流/A	定子电阻/Ω
⋮	⋮	⋮	⋮	⋮	⋮
48	10	245	33.0	5.84	1.115
49	10	250	35.1	5.79	1.116
50	20	10	25.2	5.74	1.086
51	20	15	25.2	5.54	1.091
⋮	⋮	⋮	⋮	⋮	⋮
97	20	245	35.3	5.78	1.118
98	20	250	36.3	5.74	1.119
⋮	⋮	⋮	⋮	⋮	⋮
491	110	10	26.9	5.71	1.090
492	110	15	27.3	5.58	1.091
⋮	⋮	⋮	⋮	⋮	⋮
538	110	245	36.6	5.71	1.121
539	110	250	37.3	5.66	1.124
540	120	10	27.0	5.84	1.090
541	120	15	27.5	5.61	1.092
⋮	⋮	⋮	⋮	⋮	⋮
587	120	245	35.9	5.81	1.115
588	120	250	36.9	5.77	1.123

空载下频率对电主轴定子电阻的影响如图 5.7 所示。可以看出,电主轴定子电阻随频率的升高而呈波浪式上升趋势。这种波浪式上升与电阻和温升的关系有关。

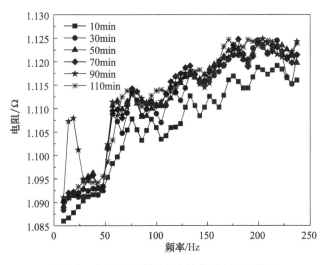

图 5.7　空载下频率对电主轴定子电阻的影响

运行时间对电主轴定子电阻的影响如图 5.8 所示。可以看出,随着运行时间的延长,电主轴定子电阻逐渐增加,且电主轴定子电阻整体均值与运行频率有关,运行频率越高,定子电阻越大。

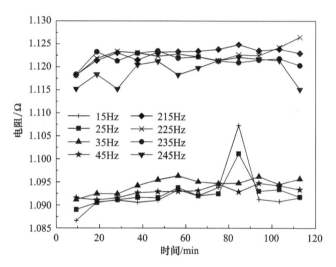

图 5.8　运行时间对电主轴定子电阻的影响

电主轴外壳温度对定子电阻的影响如图 5.9 所示。可以看出,电主轴在各种运行频率下,定子电阻随着温度的增加非线性增加。由于运行频率的不同,电主轴的温度区域不同。高速运行时,电主轴的温度较高,因此定子电阻较大;低速运行时,电主轴的温度较低,定子电阻相对较小。

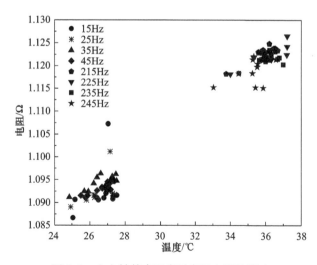

图 5.9　电主轴外壳温度对定子电阻的影响

电主轴定子电流对定子电阻的影响如图 5.10 所示。可以看出,电主轴在各种运行频率下,定子电阻随着定子电流的增加非线性变化。由于运行频率的不同,电主轴的定子电流与定子电阻的关系不同。显然,定子电流对定子电阻的影响与频率关系较大。

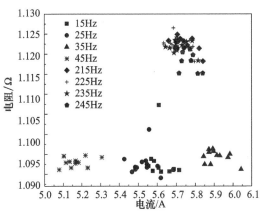

图 5.10　电主轴定子电流对定子电阻的影响

5.2　RBF 神经网络定子电阻参数辨识

1. RBF 神经网络设计

根据神经网络具有良好的非线性逼近能力的特点,这里应用径向基函数(radial basis function,RBF)神经网络对定子电阻影响因素进行分析。利用 RBF 神经网络对定子电阻进行辨识。RBF 神经网络是一种三层前向网络。第一层为输入层,输入层由信号源节点组成。第二层为隐含层,隐单元的个数由所描述的问题而定,隐单元的变换函数是对中心点径向对称且衰减的非负非线性函数。第三层为输出层,它对输入层做出响应。RBF 神经网络的基本方法是用 RBF 函数作为隐单元的"基",构成隐含层空间,隐含层对输入矢量进行变换,将低维的模式输入数据变换到高维空间,使得低维空间的线性不可分问题在高维空间内线性可分。RBF 神经网络的结构如图 5.11 所示。

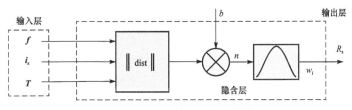

图 5.11　RBF 神经网络的结构

在图 5.11 所示的用于对定子电阻进行辨识的 RBF 神经网络中,采用 3-n-1 的网络结构,网络的输入为电主轴的运行频率 f、定子电流 i_s 和温度 T。输入节点数为 3,隐含层节点数为 n,网络的输出为定子电阻 R_s。高斯函数形式简单、径向对称、光滑性好且易解析,因此这里采用高斯函数作为激活函数,则

$$Y[X \quad W \quad c \quad \sigma] = W^T \Phi[X \quad c \quad \sigma] \tag{5.12}$$

$$Y = R_s \tag{5.13}$$

$$X = [f \quad i_s \quad T]^T \tag{5.14}$$

$$W = [w_1 \quad w_2 \quad \cdots \quad w_n]^T \tag{5.15}$$

$$c = [c_1 \quad c_2 \quad \cdots \quad c_n]^T \tag{5.16}$$

$$\sigma = [\sigma_1 \quad \sigma_2 \quad \cdots \quad \sigma_n]^T \tag{5.17}$$

$$\Phi[X_k \quad c \quad \sigma] = [\Phi_1[X_k \quad c_1 \quad \sigma_1] \quad \Phi_2[X_k \quad c_2 \quad \sigma_2] \quad \cdots \quad \Phi_n[X_k \quad c_n \quad \sigma_n]]^T \tag{5.18}$$

$$\Phi[X_k \quad c_i \quad \sigma_i] = \exp\left(-\frac{1}{2} \frac{|X_k - c_i|^2}{\sigma_i^2}\right) \tag{5.19}$$

式中,W 为估计权值矩阵;Φ 为激活函数;$c_i \in \mathbf{R}^{3 \times 1}$,$\sigma \in \mathbf{R}^n$ 分别为隐含层节点中心估计值和标准化参数,$i = 1, 2, \cdots, n$,n 为隐含层的节点数;$X_k \in \mathbf{R}^{3 \times 1}$,$k = 1, 2, \cdots, p$,$p$ 为训练样本数。

式(5.12)为 RBF 神经网络的输入与输出之间的映射关系。式(5.19)为高斯函数。

在神经网络的设计中,隐含层节点的个数 n 一般满足:

$$n = \sqrt{n_i + n_o} + a \tag{5.20}$$

式中,n 为隐含层节点的个数;n_i 为输入层节点个数;n_o 为输出层节点个数;a 为 1~10 的常数。

通过式(5.20)可以得到将要建立的 RBF 神经网络隐含层节点的个数为 3~12。在 MATLAB 中,newrb 函数可以自动增加网络隐含层神经元数目,直到均方根误差满足精度误差或者神经元数目达到最大。RBF 算法程序框图如图 5.12 所示。

假设 RBF 神经网络中隐含层单元的个数 n 已经确定,则决定网络性能的关键就是 n 个基函数中心 $c_i (i = 1, 2, \cdots, n)$ 的选取,简单算法是 K-均值聚类方法。

2. 样本数据的获取

基于 RBF 神经网络定子电阻辨识的样本数据如表 5.2 所示。数据采集过程为:电主轴运行频率从 10Hz 开始,每隔 5Hz 采集一组数据,每组数据包括某一频率下,电主轴从运行 10min 开始,每隔 10min 记录的电主轴外壳温度、定子电流和定子电阻,每组频率对应的电主轴运行时间均为 120min。

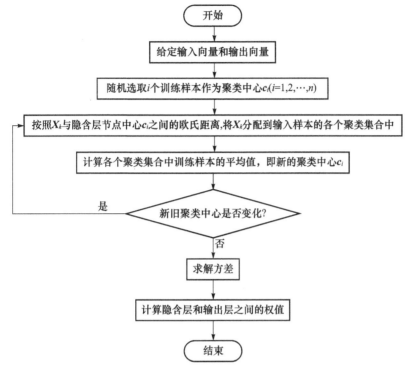

图 5.12　RBF 算法程序框图

表 5.2　基于 RBF 神经网络定子电阻辨识的样本数据

训练样本	频率/Hz	电流/A	温度/℃	电阻/Ω
1	10	5.85	25.1	1.0860
2	10	5.74	25.2	1.0864
3	10	5.70	26.5	1.0890
⋮	⋮	⋮	⋮	⋮
195	130	5.46	31.2	1.1144
196	130	5.42	31.9	1.1154
197	130	5.47	31.5	1.1174
⋮	⋮	⋮	⋮	⋮
390	250	5.68	37.4	1.1229
391	250	5.75	37.8	1.1226
392	250	5.66	37.3	1.1239

3. RBF 神经网络定子电阻辨识仿真

利用表 5.1 的数据,对数据进行归一化处理和分组。将 588 组试验样本数据分为两组,其中表 5.2 所列数据用于网络训练,RBF 神经网络仿真用测试数据如

表 5.3 所示。在训练的过程中,通过对比确定最优的隐含层节点个数,进而确定网络的结构。RBF 训练的误差性能曲线如图 5.13 所示。可以看出,网络在经过 3 次训练后,误差达到了允许的范围(误差≤0.01Ω),此时,隐含层节点个数为 3。

表 5.3　RBF 神经网络仿真用测试数据

测试样本	频率/Hz	电流/A	温度/℃	电阻/Ω
1	10	5.75	26	1.0883
2	10	5.675	26.8	1.0897
3	10	5.7	26.8	1.0911
⋮	⋮	⋮	⋮	⋮
97	130	5.405	30.2	1.1117
98	130	5.46	32.067	1.1173
99	130	5.445	31.467	1.1162
⋮	⋮	⋮	⋮	⋮
195	250	5.685	37.533	1.1243
196	250	5.77	36.9	1.1228

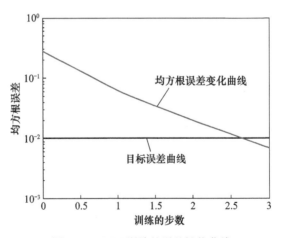

图 5.13　RBF 训练的误差性能曲线

在试验过程中,用于测量定子电阻的仪器精度可以达到 0.01Ω,因此测得的试验数据误差不大于 0.005Ω。如果网络的响应值与实际值的误差在 -0.005~0.005Ω,就认为网络达到了辨识要求。RBF 训练后定子电阻网络输出如图 5.14 所示,RBF 训练后定子电阻辨识误差如图 5.15 所示,由图 5.14 和图 5.15 可知,训练结果达到了期望的误差范围内。

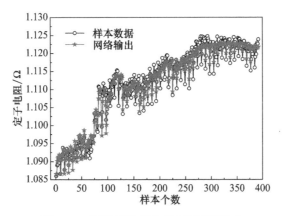

图 5.14　RBF 训练后定子电阻网络输出

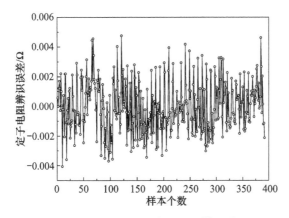

图 5.15　RBF 训练后定子电阻辨识误差

　　为了检测网络的辨识能力,通过对表 5.3 测试数据的输入,获得 RBF 神经网络定子电阻辨识数据检测结果如表 5.4 所示。RBF 定子电阻网络输出如图 5.16 所示。可以看出,建立的 RBF 神经网络在采用样本数据后网络输出值接近定子电阻实际值。RBF 定子电阻辨识误差如图 5.17 所示。可以看出,基于该 RBF 神经网络辨识定子电阻误差为 $-0.015 \sim 0.006\Omega$。

表 5.4　RBF 神经网络定子电阻辨识数据检测结果

测试样本	网络输出值/Ω	实际电阻值/Ω	误差/Ω
1	1.0887	1.0883	0.00044
2	1.0911	1.0897	0.00144
3	1.0912	1.0911	0.00013
⋮	⋮	⋮	⋮

续表

测试样本	网络输出值/Ω	实际电阻值/Ω	误差/Ω
97	1.1114	1.1117	−0.00034
98	1.1149	1.1173	−0.00239
99	1.1139	1.1162	−0.00232
⋮	⋮	⋮	⋮
195	1.1217	1.1243	−0.00255
196	1.1217	1.1228	−0.00113

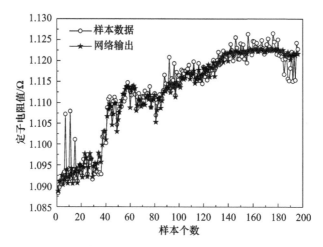

图 5.16　RBF 定子电阻网络输出

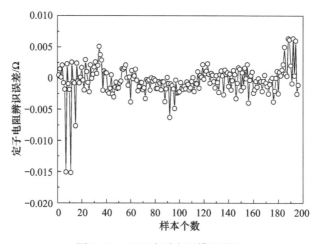

图 5.17　RBF 定子电阻辨识误差

5.3　混合智能定子电阻辨识

5.3.1　基于 ANN-CBR 的定子电阻参数辨识策略

　　高速电主轴运行过程的复杂性以及定子电阻变化因素的复杂性,使得有效估计定子电阻十分困难。尽管基于 RBF 神经网络的定子电阻辨识获得了较高的辨识精度,但神经网络在实际应用中,可能会出现收敛速度慢和易陷入局部最小点的问题。因此,不断地吸收和借鉴人工智能领域的最新研究成果,特别是将神经网络与其他人工智能技术相结合解决具有非线性特性的电主轴定子电阻辨识问题,丰富和完善电主轴定子电阻参数估计智能技术,对电主轴智能控制技术的发展具有重要意义。

　　基于案例的推理(case-based reasoning, CBR)是人工智能领域的一个重要分支,旨在利用已有经验和案例去解决新问题,通过访问知识库中过去同类问题的解决方法而获得当前新问题的解决方法,案例推理的求解过程如图 5.18 所示。CBR 适用于没有很强理论的模型和领域知识不完全、难以定义或定义不一致而经验丰富的决策环境中。很多成功应用 CBR 的系统和项目遍及医疗诊断、法律、电路或机械设计、故障诊断、农业、气象及软件工程等各个领域[19~21]。因此,针对非线性参数估计这一难题,将人工神经网络(artificial neural network, ANN)和 CBR 相结合组成 ANN-CBR 模型结构,可有效利用神经网络及案例推理各自的优点,实现定子电阻混合智能参数辨识。ANN-CBR 模型结构如图 5.19 所示,ANN 作为 CBR 的前置模块,首先根据案例的属性特征对输入的信息训练并赋予索引;然后通过神经网络建立的索引及其他工况信息在 CBR 模块的子案例库中索引相似的案例,从而对神经网络的输出进行修正;最后将修正后的结果作为新案例保存。因此,CBR 并不需要大量的历史数据来解决一个新问题,而是通过相似的问题及推理过程生成的规则,而且 CBR 能够很容易地进行调整和扩展[22~26]。

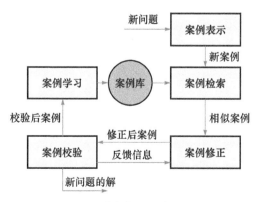

图 5.18　案例推理的求解过程

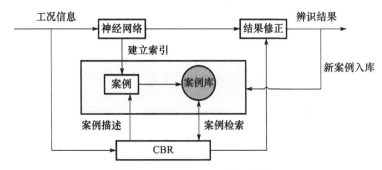

图 5.19　ANN-CBR 模型结构

　　根据图 5.19 的 ANN-CBR 模型结构,建立基于 ANN-CBR 的电主轴定子电阻的智能辨识方法。给定频率的电主轴定子电阻有两种工况:一种是电主轴运行初期,供电频率 f 工况下的定子电阻的冷态初值 R_{s0};另一种是随着运行时间的延长,在供电频率 f 工况下,运行时间 t 后,电主轴定子电流 $|i_s|$ 及温度 T 发生变化导致定子电阻的热态值变化。电主轴定子电阻 R_s 的估计可以分两步进行,即选择定子频率 f 作为输入量,定子电阻 R_s 作为输出量,构建定子电阻神经网络观测器,估计初始值 R_{s0}^j。电阻的变化量则根据电主轴设置频率 f 下实测温度 T_j^*、实测定子电流 i_j^* 计算 ΔR_s^j,对初始值 R_{s0}^j 进行自动修正,即

$$R_s^j = R_{s0}^j + \Delta R_s^j \tag{5.21}$$

式中,

$$R_{s0}^j = g_{cs}(f) \tag{5.22}$$

$$\Delta R_s^j = g_{bs}(f, T_j^*, i_j^*) \tag{5.23}$$

式中,$g_{cs}(\cdot)$ 表示未知的非线性关系;$g_{bs}(\cdot)$ 表示动态修正量 ΔR_s^j 与实测温度 T_j^*、设定频率 f、实测定子电流 i_j^* 间未知的非线性关系。

　　定子电阻混合智能辨识方案如图 5.20 所示。对于 RBF 神经网络,只要有足够多的中间隐含层节点,就能够以任意小的误差逼近任何函数[27~32]。因此,对定子电阻进行估计,首先应确定 R_{s0}^j,并采用 RBF 神经网络进行估计,即以频率 f 作为输入,定子电阻初始值 R_{s0} 作为输出,按照 RBF 神经网络的设计方法,对定子电阻初始值 R_{s0} 进行估计。其次是采用动态修正案例推理技术[33,34],即通过试验的方法得出定子电阻的变化量 ΔR_s^j 与电主轴温度 T_j^*、定子电流 i_j^* 的对应关系,从而建立定子电阻典型案例库,经过检索、重用、修正、存储等手段完成定子电阻修正。两步估计策略充分利用了不同频率下每隔相同时间检测到的温度、电流及电阻的数据,保证了参数估计的精度。通过对定子电阻的混合智能估计,将估计的定子电阻值 R_s^j 代入直接转矩控制的模型中,完成磁链及转矩的估计。

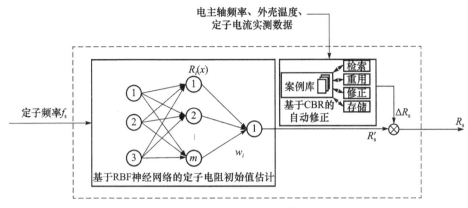

图 5.20　定子电阻混合智能辨识方案

上述定子电阻估计策略中,在电主轴每次调速初始时刻根据电主轴运行频率 f_i 起动一次,电主轴开始运行以后,根据电主轴外壳实测温度和变频器定子电流实测数据,对电主轴定子电阻进行自动调整。

5.3.2　混合智能定子电阻参数辨识算法

1. 基于 RBF 神经网络的初始值 R_{s0} 估计

定子电阻 RBF 神经网络初始值估计建模数据如表 5.5 所示,利用表 5.5 中的数据训练获得的 RBF 神经网络的输出误差如表 5.6 所示。RBF 神经网络定子电阻初值网络输出如图 5.21 所示,RBF 神经网络训练定子电阻初值误差如图 5.22 所示。可以看出,单独使用频率 f 作为输入,定子电阻初始值 R_{s0} 作为输出,RBF 神经网络获得的结果误差较大,因此需要对输出数据进行修正。

表 5.5　定子电阻 RBF 神经网络初值估计建模数据

样本	频率/Hz	实际电阻(RBF 神经网络的输出)/Ω
1	10	1.08930
2	15	1.09250
3	20	1.09305
⋮	⋮	⋮
24	125	1.11410
25	130	1.11445
26	135	1.11610
⋮	⋮	⋮
32	245	1.11920
33	250	1.12095

表 5.6　RBF 神经网络的输出误差

样本	RBF 神经网络的 网络输出(初值)/Ω	RBF 神经网络的 实际输出(初值)/Ω	RBF 神经网络 输出误差/Ω
1	1.09116	1.08930	0.00186
2	1.09038	1.09250	−0.00212
3	1.09041	1.09305	−0.00264
⋮	⋮	⋮	⋮
24	1.11355	1.11410	−0.00055
25	1.11388	1.11445	−0.00057
26	1.11428	1.11610	−0.00182
⋮	⋮	⋮	⋮
32	1.12069	1.11920	0.00149
33	1.12087	1.12095	−0.00008

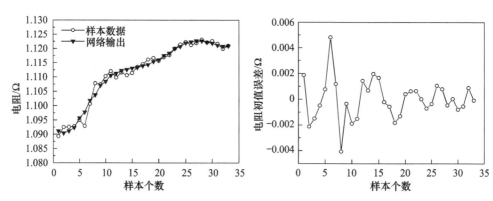

图 5.21　RBF 神经网络定子电阻初值网络输出　图 5.22　RBF 神经网络训练定子电阻初值误差

2. 基于 CBR 的动态修正

经过第一步的粗略估计后,可采用案例推理技术对初始值 R_{s0}^i 进行动态修正。CBR 推理系统根据电主轴外壳温度、电主轴运行频率、电主轴定子电流三个变量的实际检测值得到动态修正值 ΔR_s^i。案例推理系统经过案例检索、案例重用两个阶段最终得到参数动态修正值 ΔR_s^i。从电主轴壳体温度检测系统实测的电主轴壳体温度 T_j^*、电主轴控制变频器实际定子电流读数 i_j^*、变频器供电频率 f_j^* 作为检索特征,在案例库中进行检索和重用得到定子电阻的修正量 ΔR_s^j,再将 ΔR_s^j 与第一步将估计的 R_{s0}^j 相加,得到某一运行条件下定子电阻的估计值 R_s^j。为了验证该估计值的正确性,将 R_s^j 与实测的定子电阻 R_s^{*j} 做比较,进行误差分析,若偏差在 ±1% 以内,则认为该参数合格,否则需要修正后再进行案例存储。下面针对案例表示、案例检索、案例重用几个步骤进行详细描述。

1）基于结构化框架表达的参数修正量 ΔR_s^i 的案例表示

案例表示是案例推理的基础,案例推理技术在很大程度上取决于所收集案例的表示结构和内容。案例属于专家经验知识,而知识的表示方法目前使用较多的方法有一阶谓词表示法、产生式规则表示法、框架表达法、语义网络表示法、脚本法、过程表示法、Petri 网法、面向对象法等[34]。案例推理过程中的操作工况经验知识一般是以结构化的方式表示的,是对应领域的结构化描述,因此案例需采用基于框架结构的表示法,即案例库中案例由检索特征和解特征组成。检索特征由 f、i_j 和 T 组成,解特征为 ΔR_s,各自形成层次框架,即案例是用检索特征 C 和解特征 Y 信息表示的一个 2 元组 Case＝(C,Y)。其中 Case 代表一条案例,C 代表问题描述,包括实测电主轴外壳温度 T、实测定子电流 i 和实际控制频率 f。类似地,问题案例的检索特征由 T_j、i_j 和 f_j 组成,解特征 Y 为 ΔR_s^i。

2）参数 ΔR_s^i 案例库的建立

采用 CBR 技术对定子电阻初值进行自动调整,附加一个增量 ΔR_s^i,该调整量按式(5.24)中所计算的结果进行确定,即利用电主轴每一频率下各时间段所测量的定子电阻的平均值与实际定子电阻值的差值进行确定。

$$\Delta R_s^i = |R_s^{*j} - \overline{R_s^n}| \tag{5.24}$$

式中,R_s^{*j} 为定子电阻的实测值;$\overline{R_s^n}$ 为频率为 n 的条件下获得的定子电阻各测量值的平均值。

该调整量与对应的实测电主轴壳体温度 T_j^*、电主轴控制变频器实际定子电流读数 i_j^*、变频器供电频率 f_j^* 组成案例,存入案例库,从而建立电主轴定子电阻 ΔR_s^i 案例库。CBR 建模数据如表 5.7 所示。

表 5.7　CBR 建模数据

样本	频率/Hz	电流/A	温度/℃	ΔR_s^i 校正值/Ω
1	10	5.85	25.1	−0.0033
2	10	5.75	26.0	−0.001
3	10	5.70	26.5	−0.00035
⋮	⋮	⋮	⋮	⋮
195	130	5.46	31.2	−0.0001
196	130	5.46	32.1	0.0028
197	130	5.47	31.5	0.00295
⋮	⋮	⋮	⋮	⋮
390	250	5.69	37.5	0.0033
391	250	5.75	37.8	0.00165
392	250	5.77	36.9	0.00185

3）基于最近邻法的案例检索

CBR 系统的强大功能来源于它能从其记忆库中迅速、准确地检索出相关案例。因此,案例检索是 CBR 方法成功与否的最关键因素,它需要达到检索出来的案例尽可能地与当前案例相关或相似的目标。

在对定子电阻进行 CBR 补偿时,案例推理的检索过程分为分类、选择和确认三个阶段。分类阶段是根据事例的突出特征,从事例库中搜索回忆与问题事例相关的以往的这一类事例。定子电阻的事例库以输入频率作为突出特征。选择阶段是在初步筛选的这一类事例与问题事例之间建立一系列对应的关系和映射,并进行详细的分析,通过全面比较所筛选的事例与问题事例的相似性,从中选择相似性最高的一个或多个事例。选择阶段需要计算初步筛选的事例与待求解问题之间的特征属性的相似度。确认阶段是对所选的事例评价其相似性、可重用性和可修改性,从中确认最适合的事例。

案例检索技术通常有三种,即最近邻法、归纳法(决策树法)、知识导引法,或是这三种方法的结合。最近邻法是 CBR 系统中大多数案例检索使用的检索方法。它利用与记忆案例库相匹配的输入案例的特征权数,并计算两个对象在特征空间中的距离来获得两案例之间的相似性,适用于案例不多、检索目标定义不充分的场合,具体描述如下。

(X,Y) 为 n 维特征空间 $\boldsymbol{D}=\{D_1,D_2,\cdots,D_n\}$ 上的一点,$(X_i,Y_i)\in D_i$。(X,Y) 在 $\boldsymbol{D}$ 上的距离为

$$\text{Dist}(X,Y)=\left(\sum_{i=1}^{n}W_i'D(X_i,Y_i)^r\right)^{1/r} \tag{5.25}$$

式中,

$$D(X_i,Y_i)=\begin{cases}|X_i-Y_i|, & D_i \text{ 连续} \\ 0, & D_i \text{ 离散,且 } X_i=Y_i \\ 1, & D_i \text{ 离散,且 } X_i\neq Y_i\end{cases} \tag{5.26}$$

若 D_i 是连续的,则当 $r=1$ 时,$\text{Dist}(X,Y)$ 为 Manhattan 距离;当 $r=2$ 时,$\text{Dist}(X,Y)$ 为欧氏距离;当 $r\to 0$ 时,$\text{Dist}(X,Y)$ 称为 Minkowski 距离。根据距离的定义,两案例间的相似度为

$$\text{SIM}_{xy}=\begin{cases}1-\text{Dist}(X,Y), & \text{Dist}(X,Y)\in[0,1] \\ \dfrac{1}{1+\mu\text{Dist}(X,Y)}, & \text{Dist}(X,Y)\in(1,\infty)\end{cases} \tag{5.27}$$

最简单的最近邻法采用加权平均的方法,将所有特征的相似度经过加权加总后就可以得到两个案例的相似度。本书采用基于最近邻的相联检索方式,查找案例库中与当前实际工况偏差相近的偏差工况。由于检索特征都是数值型,相似度函数采用欧氏距离 d_{pq} 定义:

$$d_{pq}=[w_1'(T^p-T^q)^2+w_2'(i_s^p-i_s^q)^2+w_3'(f^p-f^q)^2]^{1/2} \tag{5.28}$$

式中,T^p、T^q 代表案例 p 和 q 的温度项检索特征;i_s^p、i_s^q 代表案例 p 和 q 的定子电

流项检索特征；f^p、f^q 代表 p 和 q 的运行频率检索特征；w_1'、w_2' 和 w_3' 分别代表温度项、定子电流项和运行频率项的加权系数，表征其重要程度。

案例 p、q 的相似度 SIM_{pq} 为

$$\mathrm{SIM}_{pq} = \frac{1}{1 + \mu d_{pq}} \tag{5.29}$$

式中，μ 为一正实数，根据实际数据分布试选。

最近邻法的关键问题是如何确定特征的加权系数。检索特征的加权系数表征了特征对案例解的重要程度，能否正确确定检索特征的加权系数，将直接影响最终的检索结果。通常人工神经网络、粗糙集等方法可以确定特征的权重。确定权重的后向传播（back propagation，BP）神经网络模型如图 5.23 所示[35]。三层 BP 神经网络模型，输入向量为 $\boldsymbol{X} = \begin{bmatrix} f & i_s & T \end{bmatrix}^{\mathrm{T}}$，隐含层输出向量为 $\boldsymbol{Z} = \begin{bmatrix} z_1 & z_2 & \cdots & z_m \end{bmatrix}^{\mathrm{T}}$；输出层输出向量为 $\boldsymbol{Y} = \Delta \boldsymbol{R}_s$。输入层到隐含层之间的权值矩阵用 $\boldsymbol{V}$ 表示，$\boldsymbol{V} = \begin{bmatrix} v_1 & v_2 & v_3 \end{bmatrix}^{\mathrm{T}}$；隐含层到输出层的权重矩阵用 $\boldsymbol{W} = \begin{bmatrix} w_1 & w_2 & \cdots & w_m \end{bmatrix}^{\mathrm{T}}$ 表示。

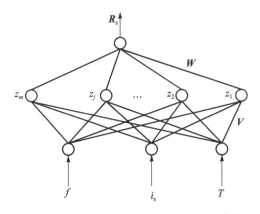

图 5.23　确定权重的 BP 神经网络模型[35]

利用建立的 BP 神经网络进行训练，经过训练得到隐含层的节点个数为 7。训练所得输入层到隐含层的权重如表 5.8 所示，隐含层到输出层的权重如表 5.9 所示。利用图 5.23 的 BP 神经网络的目的是得到网络输入因素对输出决策的决定权重，因此需要进行如下处理。

计算相关显著性系数 r_{ij}，令 $x = w_{jk}$，则

$$r_{ij} = \sum_{k=1}^{p} v_{ki} \frac{1 - \mathrm{e}^{-x}}{1 + \mathrm{e}^{-x}} \tag{5.30}$$

令 $y = r_{ij}$，相关系数为

$$R_{ij} = \left| \frac{1 - \mathrm{e}^{-y}}{1 + \mathrm{e}^{-y}} \right| \tag{5.31}$$

则输入因素的绝对影响系数为

$$w'_{ij} = \frac{R_{ij}}{\sum\limits_{i=1}^{m} R_{ij}} \tag{5.32}$$

式中,i 为神经网络输入单元,$i=1,2,\cdots,m$;j 为神经元网络输出单元,$j=1,2,\cdots,$ n;k 为神经网络的隐单元编号,$k=1,2,\cdots,p$;v_{ki} 为输入层神经元 i 和隐含层神经元 k 之间的权系数;w_{jk} 为输出层神经元 j 和隐含层神经元 k 之间的权系数。

表 5.8　输入层到隐含层的权重

隐含层节点	权重		
	频率	电流	温度
1	0.0545	−0.8822	0.5828
2	−0.0745	3.5183	−0.6679
3	−1.9261	−6.0962	−0.7745
4	3.2169	−3.6421	0.8291
5	−1.8802	−5.5567	−0.6725
6	−0.5654	−1.9398	0.1039
7	−0.1197	5.7043	0.2681

表 5.9　隐含层到输出层的权重

隐含层节点 1	隐含层节点 2	隐含层节点 3	隐含层节点 4	隐含层节点 5	隐含层节点 6	隐含层节点 7
−0.2750	−0.1259	−0.9300	0.8748	−0.5268	−0.6446	−0.2516

经 BP 神经网络确定定子频率、定子电流、电主轴温度三个检索特征对 CBR 输出的校正值的影响,指标权重分别为 0.3606、0.3587 和 0.2807。将三个检索特征影响指标权重代入式(5.28),并将计算所得 d_{pq} 代入式(5.29),最终求得所有案例的相似度 SIM_{pq}。

3. 基于替换法的案例重用

案例检索阶段结束之后,进入案例重用阶段。案例重用阶段是根据对新案例特征的描述,决定如何由检索出的匹配案例的解决方案得到新案例的解决方案的过程。案例重用阶段是案例推理过程中的难点,在一些简单的系统中,可以直接将检索到的匹配案例的解决方案复制到新案例,作为新案例的解决方案。这种方法适用于推理过程复杂但解决方案很简单的问题。在多数情况下,案例库中不存在与新案例完全匹配的存储案例,所以需要对存储案例的解决方案进行调整以得到新案例的解决方案。简单的案例调整只需要对过去解中的某些组成部分进行简单的替换,复杂的调整甚至需要修改过去解的整体结构。案例重用一般有四类方法:替换法、转换法、特定目标驱动法以及派生重演法[36]。本书面对的问题是问题求解类型,问题案例与历史案例具有相同的案例表示结构、相同的案例描述属性,因此案例重用阶段采用替换法。假设在案例检索阶段共检索出 L 条案例相似度大于 0.85 的案例为 $(c_1, c_2, \cdots, c_L)$,对应的案例解为 $(\Delta R_{s,1}^i, \Delta R_{s,2}^i, \cdots, \Delta R_{s,L}^i)$,问题案例的案例相似度分别为 $(\mathrm{SIM}_{\mathrm{p},c_1}, \mathrm{SIM}_{\mathrm{p},c_2}, \mathrm{SIM}_{\mathrm{p},c_L})$。当前工况下的案例解 ΔR_s^i 为

$$\Delta R_s^j = \frac{\displaystyle\sum_{h=1}^{n} \mathrm{SIM}_{\mathrm{p},c_h} \Delta R_{s,h}^i}{\displaystyle\sum_{h=1}^{n} \mathrm{SIM}_{\mathrm{p},c_h}} \tag{5.33}$$

即检索出来的历史案例与问题案例的相似度作为加权值对所有近似案例进行求和,对检索案例解进行调整替代得到新值。一旦得到重用案例,就作为合适的 ΔR_s^j 送出,获得最终的 R_s^i。CBR 的测试数据如表 5.10 所示。利用表 5.10 对所建 CBR 案例库进行检索并重用后获得的 CBR 的输出误差如表 5.11 所示。可以看出检索重用后所得的 ΔR_s^i 误差很小,精度很高。

表 5.10　CBR 的测试数据

测试样本	频率/Hz	电流/A	温度/℃	电阻校正值/Ω
1	10	5.74	25.2	−0.00285
2	10	5.69	26.7	−0.00010
3	10	5.69	26.7	0.00190
⋮	⋮	⋮	⋮	⋮
97	130	5.44	29.7	−0.00240
98	130	5.42	31.9	0.00095
99	130	5.42	31.4	−0.00035
⋮	⋮	⋮	⋮	⋮
195	250	5.68	37.4	0.00200
196	250	5.66	37.3	0.00295

表 5.11　CBR 的输出误差

样本	CBR 系统的输出(校正值)/Ω	CBR 的实际输出(校正值)/Ω	误差/Ω
1	−0.00330	−0.00285	−0.00045
2	−0.00114	−0.00010	−0.00104
3	0.00038	0.00190	−0.00152
⋮	⋮	⋮	⋮
97	−0.00094	−0.00240	0.00146
98	0.00095	0.00095	0.00000
99	0.00096	−0.00035	0.00131
⋮	⋮	⋮	⋮
195	0.00176	0.00200	−0.00024
196	0.00277	0.00295	−0.00018

5.3.3　混合智能定子电阻辨识仿真试验

本书通过试验的方法确定式(5.29)中系数 $\mu=1$。利用上述神经网络及案例推理相结合的模型,对定子电阻进行混合智能估计仿真试验。定子电阻混合智能辨识测试数据如表 5.12 所示,定子电阻混合智能辨识试验结果如表 5.13 所示。

表 5.12　定子电阻混合智能辨识测试数据

测试样本	频率/Hz	电流/A	温度/℃	电阻值/Ω
1	10	5.74	25.2	1.0865
2	10	5.69	26.7	1.0892
3	10	5.69	26.7	1.0912
⋮	⋮	⋮	⋮	⋮
97	130	5.44	29.7	1.1121
98	130	5.42	31.9	1.1154
99	130	5.42	31.4	1.1141
⋮	⋮	⋮	⋮	⋮
195	250	5.68	37.4	1.1230

表 5.13　定子电阻混合智能辨识试验结果

样本	RBF 神经网络输出初值/Ω	CBR 输出校正值/Ω	系统输出/Ω	实际电阻值/Ω	误差/Ω
1	1.09116	−0.00330	1.0879	1.0865	0.00141
2	1.09116	−0.00114	1.0900	1.0892	0.00081
3	1.09116	0.00038	1.0915	1.0912	0.00033
⋮	⋮	⋮	⋮	⋮	⋮
97	1.11388	−0.00094	1.1129	1.1121	0.00089
98	1.11388	0.00095	1.1148	1.1154	−0.00057
99	1.11388	0.00096	1.1148	1.1141	0.00074
⋮	⋮	⋮	⋮	⋮	⋮
195	1.12087	0.00176	1.1226	1.1230	−0.00032

混合智能辨识输出结果如图 5.24 所示。图中比较了定子电阻 RBF 神经网络输出值即 R_{s0}、实际电阻值和混合智能辨识值。可以看出,经过 CBR 修正后得到系统的响应值与实际电阻值符合得很好。定子电阻混合智能辨识误差如图 5.25 所示。可以看出,该 ANN-CBR 混合智能定子电阻辨识系统的误差值在 $\pm 0.002\Omega$ 以内,比单独使用 RBF 神经网络系统进行辨识时,辨识精度提高了一倍。

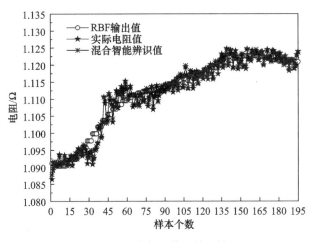

图 5.24　混合智能辨识输出结果

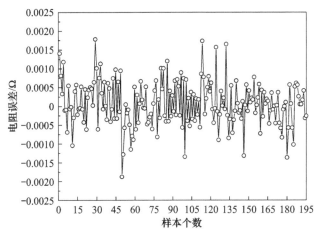

图 5.25　定子电阻混合智能辨识误差

5.3.4　试验验证

为了进一步验证上述定子电阻的混合智能辨识结果,利用直接转矩控制模型,将定子电阻辨识结果代入控制模型中,验证辨识电阻在直接转矩控制的磁链估计、转矩估计及定子电流谐波与实际电阻的一致性。仿真中定子电阻的实际值为 $R_s = 1.1239\Omega$,混合智能的辨识结果为 $R_s = 1.1236\Omega$。仿真后定子磁链比较如图 5.26 所示,输出转矩比较如图 5.27 所示。可以看出,采用混合智能辨识方法对定子电阻辨识后,定子磁链的估计及输出转矩的估计均与理想情况(实际电阻在直接转矩模型中的仿真结果)非常吻合,因此进一步证明了混合智能定子电阻辨识方法的有效性。

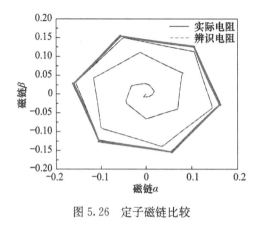

图 5.26　定子磁链比较

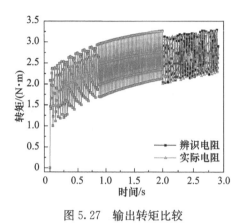

图 5.27　输出转矩比较

5.4　基于随机扰动的生物地理学优化算法改进 BP 神经网络的定子电阻参数辨识

近年来,基于智能优化算法优化 BP 神经网络技术取得了很大程度的进展,精度也较传统的 BP 神经网络提高了很多。将随机扰动的生物地理学优化(modified biogeography-based optimization with search mechanism,MLBBO)算法用于优化 BP 神经网络的权值和阈值,进而将训练好的 BP 神经网络用于辨识电主轴的定子电阻,能够很好地解决这些问题,且其精度更高,速度更快,不易陷入局部最优点。

5.4.1　生物地理学优化算法

生物地理学优化(biogeography-based optimization,BBO)算法是一种能够模拟生物地理学的特性,建立起相互独立的栖息地数学模型,进而利用数学方法模拟出生物种群的迁移、变异和消亡。该算法主要针对非线性系统、函数的寻优。BBO 算法和蚁群算法、蜂群算法、遗传算法一样都属于群体智能优化算法。

在 BBO 算法中,最重要的两个概念分别是适应度指数变量(suitability index variable,SIV)和栖息地适应度指数(habitat suitability index,HSI)。SIV 反映出来的是某一个栖息地 H 的具体环境变量,在实际的算法应用中,SIV 为自变量;HSI 则是对应 SIV 的解集。通常一个生态系统 H^s 由 s 个栖息地组成,即 BBO 算法的种群规模为 s。

迁移算子、变异算子和清除算子是 BBO 算法的三个基本算子,它们可以有效地改变栖息地的种群质量,BBO 算法的步骤如下:

(1) 初始化,随机产生初始种群,通常在算法中利用随机数来产生初始种群。

(2) 计算种群中的解和 HSI。

（3）如果不满足终止条件或者未达到所需要的迭代次数,那么将所有的解按照 HSI 从小到大的顺序进行排列。

（4）根据种群数量确定迁移率的大小,并利用迁移算法对种群进行迁移操作,保存迁移后的结果。该操作可以有效地更新种群的质量,但是并不会产生新的种群。

（5）同理,根据种群数量确定变异概率的大小,根据变异概率对种群进行变异操作,该操作可以产生新的种群,具有不稳定性。

（6）根据清除算子执行种群的清除操作,清除相同解。

（7）返回(2),重新循环,直到满足终止条件。

1. 迁移算子

BBO 算法利用迁移算子对栖息地进行信息共享,这样的共享可以有效地改善栖息地的 HSI。但是并不是所有种群都会进行迁移操作,BBO 算法在实现迁移操作的过程中引入了概率,根据已知种群数量确定迁入/迁出率,当某一栖息地的种群满足迁出率,另一个栖息地的种群满足迁入率时,就将二者进行交换。迁移算子的算法步骤如下:

（1）根据迁入率 λ_i 选择栖息地 H_i。

（2）如果 H_i 被选中,那么根据迁出率 μ_j 选择栖息地 H_j。

（3）生成随机数,如果生成的随机数小于 μ_j,那么 $H_i(\text{SIV}) = H_j(\text{SIV})$。

（4）循环 s 次,直到满足终止条件。

由此可见,迁移算子是用优秀的解替换较差的解,进而提高种群中解的质量。

2. 变异算子

在正常的种群进化过程中,变异扮演了一个重要的角色。变异不像迁移那样,不断转移种群内部的解集,而是产生一个新的解,来代替原始解。通常,栖息地的变异概率与生物种群数量成反比,即生物种群数量较小的栖息地更容易发生变异,生物种群数量多的栖息地相对来说较为稳定,不易发生变异现象。在 BBO 算法中,变异算子的步骤如下:

（1）令 $k = 1, 2, \cdots, n$,利用迁入率 λ_k 和迁出率 μ_k 计算变异概率 p_k。

（2）生成随机数,根据随机数与 p_k 的大小选择 H_k。

（3）如果 H_k 被选择,那么就用一个随机产生的 SIV 代替 $H_k(\text{SIV})$。

（4）返回(1),令 $k = k+1$,直到 $k = n$,结束此过程。

3. 清除算子

清除算子的作用在于清除迁移操作产生的相似解,一个生态系统中相似解的数量过多,会不利于种群的多样性发展。实际的算法应用中,若两个解相同,则认定这两个解为相似解,清除并随机产生一个新的解代替其中一个原始解,这样可以保证种群中解的更新是有效的。清除算子的算法步骤如下:

(1) 算法初始化,令 $i=1,j=2$。

(2) 比较 H_i 和 H_j 是否相等,若相等,则用随机产生的 SIV 代替原有的 H_i(SIV)。

(3) 判断是否 $j=s$,若不相等,则返回(1),$j=j+1$;若相等,则执行(4)。

(4) 判断是否 $i=s$,若相等,则清除算子执行完毕;若不相等,则返回(1),令 $i=i+1,j=j+2$。

5.4.2　基于随机扰动的生物地理学优化算法

探索能力和开发能力是 BBO 算法寻优的基本能力。探索能力是指算法的横向搜索能力,一个算法的探索能力较强会使得算法有机会搜索到更多的优质解,也可以防止算法陷入局部最优点,但是过强的探索能力会限制解的精度。开发能力是指能够利用种群中已有的信息在算法近似最优解的邻域范围内纵向深入开发的能力,开发能力较强的算法不仅可以搜索到更精确的解,也可以提高算法的收敛速度,但是容易陷入局部最优点。因此,两种能力需要相互平衡,过分强调某一种能力都不利于算法的寻优。如何平衡两种能力使得算法既能够保证解的精度和收敛速度也能保证算法不落入局部最优点成为算法设计的关键。

根据 BBO 算法的流程,迁移算子共享种群中的解,使得劣质解和优质解相互交换,提高了开发能力并提高了解的质量;变异算子能够有效提高解的多样性,能够在迁移的基础上引入新的优质解,提高算法的探索能力;清除算子则可以有效地防止解的同质化,防止算法陷入局部最优点。

在原始 BBO 算法中,迁移算子是整个算法中的核心算子,但是该算子只是利用优质解的 SIV 代替劣质解的 SIV,容易出现种群中解的同质化、多样性差和陷入局部最优等问题。而且,算法在进化过程中,虽然保证了劣质解的正常进化,但是算法并没有一个合格的机制保证优质解能够进化成更优质的解。这样不仅会使算法陷入局部最优点,也妨碍了算法的收敛速度。MLBBO 算法利用混合迁移算子、Cauchy 变异算子和随机扰动算子可以有效地解决此问题,该算法引入新的迁移方程,改进原有的迁移算子,并且加入随机扰动算子,可以有效加快收敛速度和提高种群的多样性,防止算法陷入局部最优点。

1. 混合迁移算子

MLBBO 算法采用了差分进化算法的变异策略,该方法既能维持住迁移算子本身的开发能力,也能有效提高其探索能力[37]。其对应的方程为

$$V_i = X_{\text{best}} + F(X_{r1} - X_{r2}) + F(X_{r3} - X_{r4}) \tag{5.34}$$

式中，X_{best} 为最优解向量；X_{r1}、X_{r2}、X_{r3}、X_{r4} 为四个互不相同的解向量；F 为缩放因子；i 为解向量的个数，$i=1,2,\cdots,s$。

对原始方程进行改进，改进后的迁移方程为

$$H_i(\text{SIV}) = H_{\text{best}}(\text{SIV}) + F[H_{r1}(\text{SIV}) - H_{r2}(\text{SIV})] + F[H_{r3}(\text{SIV}) - H_{r4}(\text{SIV})] \tag{5.35}$$

式中，$H_{\text{best}}(\text{SIV})$ 为最优解；$H_{r1}(\text{SIV})$、$H_{r2}(\text{SIV})$、$H_{r3}(\text{SIV})$ 和 $H_{r4}(\text{SIV})$ 是随机挑选出来的四个不同的解。

该方程相对于原始的迁移方程，凭借其缩放因子 F 对迁移方程的平衡，能够获取到更多信息。而根据文献[38]的分析，正弦迁移曲线为其介绍的六种曲线中效果最好的。综上所述，混合迁移算子的算法步骤如下：

（1）算法初始化，令标记 $i=1,j=1$。

（2）根据迁入率 λ_i 选择 H_i。

（3）若 H_i 被选择，则随机产生四个互不相同的正整数 r_1、r_2、r_3、r_4。

（4）根据迁出率 μ_j 选择 H_j。

（5）生成随机数，并判断随机数是否小于 μ_j，若是，则令 $H_i(\text{SIV}) = H_j(\text{SIV})$；若不是，则令 $H_i(\text{SIV}) = H_{\text{best}}(\text{SIV}) + F[H_{r1}(\text{SIV}) - H_{r2}(\text{SIV})] + F[H_{r3}(\text{SIV}) - H_{r4}(\text{SIV})]$。

（6）判断是否 $j=s$，若是，则 $j=1$，$i=i+1$，返回（2）；若不是，则 $j=j+1$，返回（3）。

（7）判断是否 $i>s$，若是，则算法结束，保存并退出；若不是，则 $i=i+1$，返回（2）。

2. Cauchy 变异算子

原始的变异算子产生新的解以代替原始解，可以有效地防止算法陷入局部最优点。MLBBO 算法采用的变异算子是 Cauchy 变异算子[39]，该算子能够有效提高解的收敛速度和解的精度。Cauchy 分布的概率密度函数为

$$f_t(x) = \frac{1}{\pi} \frac{t}{t^2 + x^2} \tag{5.36}$$

式中，$x \in \mathbf{R}$，$t>0$。

当 $t=1$ 时，Cauchy 变异方程为

$$H_{i+1}(\text{SIV}) = H_i(\text{SIV}) + \delta(1) \tag{5.37}$$

式中，$\delta(1)$ 为参数 $t=1$ 的 Cauchy 分布值。

3. 随机扰动算子

在原始 BBO 算法中，迁移算子能够有效改善种群中解的质量，但是传统的迁

移算子只是单纯地将种群中的劣质解替换成优质解,很容易出现解同质化的现象。为了解决此问题,MLBBO 算法在原始 BBO 算法的基础上引入了随机扰动算子,该算子以一定的概率在优质解的附近发生一定幅度的扰动。为了简便,算法拟对前半个种群中的每一个解发生扰动,其扰动公式定义为

$$H_i(\text{SIV}) = \begin{cases} H_i(\text{SIV}) + a[H_k(\text{SIV}) - H_i(\text{SIV})], & p_1 > \text{随机数}(0,1) \\ H_i(\text{SIV}), & p_1 \leqslant \text{随机数}(0,1) \end{cases}$$

$$(5.38)$$

式中,$H_k(\text{SIV})$ 为随机选择的解;p_1 为扰动频率;a 为扰动幅度。

5.4.3　BP 神经网络在电主轴定子电阻辨识上的应用

BP 神经网络的改进算法层出不穷,成为当前机器深度学习领域中的一个热门方向。为了检验传统 BP 神经网络辨识电主轴定子电阻的效果,建立基于 BP 神经网络定子电阻辨识模型如图 5.28 所示。根据采集到的电主轴不同工况下线端定子电阻的大小,输入层-隐含层-输出层决定采用 4-4-1 的网络结构,即 4 个输入节点、4 个隐含层节点、1 个输出节点。4 个输入层节点代表的工况分别为频率、运行时间、定子电阻温度以及流经定子电阻的电流;4 个隐含层是根据经验确定的,目前并没有理论支撑隐含层节点数的确定;1 个输出层节点代表电主轴定子电阻。BP 神经网络的训练函数采用 LM 函数,相较于其他函数,该函数的寻优速度较快。至于传统 BP 神经网络的权值和阈值依旧采用随机数的方式确定。

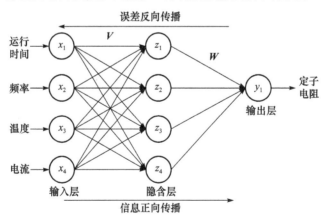

图 5.28　基于 BP 神经网络定子电阻辨识模型

在搭建 BP 神经网络模型之前,需要对原始数据进行归一化处理,随后将处理好的数据随机分为两组,其中一组作为 BP 神经网络的训练数据,有 480 个数据点;另外一组则作为 BP 神经网络的测试数据,有 108 个数据点。将数据处理好以后就可以进行 BP 神经网络的训练过程了。

经过 BP 神经网络的训练后,将测试数据输入已经构建好的 BP 神经网络中,可以得到基于 BP 神经网络辨识定子电阻误差值如图 5.29 所示。可以看出,利用 BP 神经网络辨识电主轴定子电阻的误差在 $-0.035 \sim 0.035\Omega$,电主轴线端定子电阻值的范围在 $2.1 \sim 2.5\Omega$,利用 BP 神经网络辨识电主轴定子电阻的相对误差达到 1% 以上,该精度并不能满足要求。因此,BP 神经网络辨识电主轴定子电阻方法存在很大缺陷。

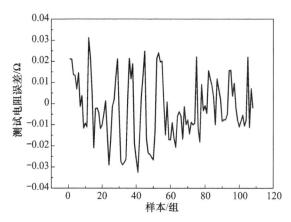

图 5.29　基于 BP 神经网络辨识定子电阻误差值

5.4.4　基于改进 BP 神经网络的定子电阻参数辨识

为了提高 BP 神经网络辨识电主轴定子电阻的精度,文献[38]提出了 MLBBO 算法用于优化 BP 神经网络的权值和阈值。

MLBBO 算法有两个主要参数:HSI 和 SIV。SIV 相当于即将优化的权值和阈值。优化之前需要对权值和阈值进行初始化操作,将它们归一到向量 x(即 SIV)中,即 $x=\begin{bmatrix} w_1 & b_1 & w_2 & b_2 \end{bmatrix}$,并赋予一组初始随机数,其中 w_1 和 b_1 分别为输入层和隐含层之间的权值和阈值,w_2 和 b_2 分别为隐含层和输出层之间的权值和阈值。

栖息地适应度指数是评价权值和阈值的重要指标,这里采用 BP 神经网络训练的均方根误差:

$$\mathrm{MSE}=\frac{1}{mp}\sum_{i=1}^{p}\sum_{j=1}^{m}(y'_{ij}-y_{ij})^2 \qquad (5.39)$$

式中,MSE 为所求网络均方根误差;m 为输出节点的个数;p 为训练样本数;y'_{ij} 为网络期望输出值;y_{ij} 为网络实际输出值。

栖息地适应度指数对应着每组权值和阈值在 BP 神经网络中的表现情况,好的权值和阈值所训练出来的 BP 神经网络均方根误差更小。

MLBBO 算法为了改善种群质量,引入了迁移算子、变异算子、清除算子和随机扰动算子。在众多迁移模型中,效果最好的是余弦迁移率模型。BBO 算法余弦迁移率模型如图 5.30 所示[39]。在这种模型中,迁入率为

$$\lambda_s = \frac{I}{2}\left(\cos\frac{s\pi}{n} + 1\right) \tag{5.40}$$

$$\mu_s = \frac{E}{2}\left(-\cos\frac{s\pi}{n} + 1\right) \tag{5.41}$$

式中,λ_s 为有 s 个种群时的迁入率;μ_s 为有 s 个种群时的迁出率;s 为当前种群数量;n 为最大种群数量;I 和 E 分别为最大迁入率和最大迁出率。

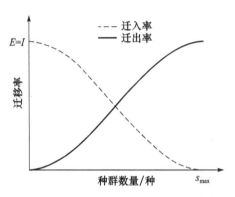

图 5.30　BBO 算法余弦迁移率模型[39]

假设 BBO 算法根据各个栖息地的种群数量概率 P_s,对栖息地的特征变量进行变异,下一时刻种群数量为 s 的概率 P'_s 为

$$P'_s = \begin{cases} -(\lambda_s + \mu_s)P_s + \mu_{s+1}P_{s+1}, & s = 0 \\ -(\lambda_s + \mu_s)P_s + \lambda_{s-1}P_{s-1} + \mu_{s+1}P_{s+1}, & 1 \leqslant s \leqslant n-1 \\ -(\lambda_s + \mu_s)P_s + \lambda_{s-1}P_{s-1}, & s = n \end{cases} \tag{5.42}$$

在种群的进化过程中,变异起到了很大的作用,一般来说,种群数量大的栖息地环境更稳定,变异率低,反之变异率较高,该理论也同样适合 MLBBO 算法,相应的函数为

$$m(x_i) = m_{\max}\left(1 - \frac{P_s}{P_{\max}}\right) \tag{5.43}$$

式中,$m_{\max}$ 为最大变异概率;$P_{\max}$ 为最大种群数量概率。

优化时使用的最大迁入率、最大迁出率为 $I = E = 1$,进化次数为 500,种群规模为 20,变异概率为 0.05,扰动幅度为 0.8,扰动频率为 0.2。

5.4.5　试验验证

在建立神经网络之前,首先要对定子电阻进行分组和处理。随机 480 组试验数据用于神经网络模型的训练,另外 108 组数据用于神经网络模型的检验。然后

将数据样本进行归一化处理,并构建神经网络。将所需要优化的神经网络的权值和阈值采用随机数的方式统一整合成 N_p 个行向量并加入 MLBBO 算法中。经过 500 次循环迭代以后,可以得到最好的一组向量,将这组向量分解为神经网络所需要的权值和阈值,并将"最优"神经网络模型保留下来进行测试,神经网络训练步数和均方根误差如图 5.31 所示。可以看出,当训练步数达到 10 时,训练数据和测试数据的均方根误差均趋于平稳,此时训练结束。由此可见,利用 MLBBO-BP 方法进行定子电阻辨识,训练结果收敛。

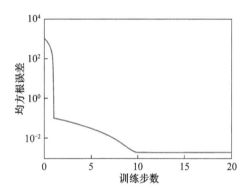

图 5.31　神经网络训练步数和均方根误差

　　将测试数据的真实样本和测试数据的辨识结果相比较,MLBBO-BP 网络输出电阻值和样本电阻值拟合程度曲线如图 5.32 所示。可以直观地得到样本数据与网络输出数据的拟合程度,在误差范围之内,两条曲线几乎重合,此时的神经网络已经具有辨识定子电阻的能力。

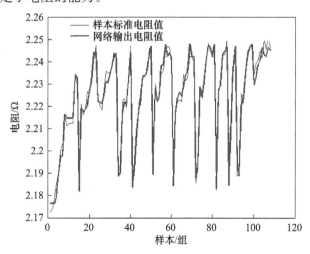

图 5.32　MLBBO-BP 网络输出电阻值和样本电阻值拟合程度曲线

　　MLBBO-BP 优化后网络输出和样本输出之间的误差如图 5.33 所示。可以看出,利用 MLBBO 训练 BP 神经网络的误差在±0.007Ω 之内,可以较为准确地观测定子电阻的阻值。根据采集到的不同工况下定子电阻可以计算出利用 MLBBO-BP 方法辨识定子电阻精度达±0.3%,可见 MLBBO-BP 对定子电阻的辨识能力较强。

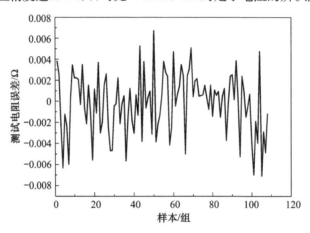

图 5.33　MLBBO-BP 优化后网络输出和样本输出之间的误差

　　MLBBO-BP 辨识和 BP 神经网络辨识电阻误差如图 5.34 所示。可以看出,在相同的迭代次数下,利用 MLBBO-BP 方法得到的定子电阻更接近于真值。

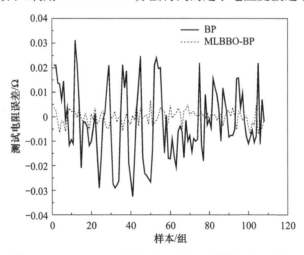

图 5.34　MLBBO-BP 辨识和 BP 神经网络辨识电阻误差

参 考 文 献

[1]　Foo G H B,Rahman M F. Direct torque control of an IPM-synchronous motor drive at very

low speed using a sliding-mode stator flux observer// Proceeding of the 11th International Conference on Electrical Machines and Systems. Wuhan,2010.

[2]　Barut M. Bi input-extended Kalman filter based estimation technique for speed-sensorless control of induction motors. Energy Conversion and Management, 2010,51(10):2032-2040.

[3]　Soltani J,Abootorabi Z H,Arab M G R. Stator-flux-oriented based encoderless direct torque control for synchronous reluctance machines using sliding mode approach. World Academy of Science,Engineering and Technology,2009,3(10):1324-1330.

[4]　Soltani J,Markadeh G R A,Abjadi N R,et al. A new adaptive direct torque control (DTC) scheme based-on SVM for adjustable speed sensorless induction motor drive// International Conference on Electrical Machines and Systems. Seoul,2007.

[5]　Bai H Y,Liu J,Li Y J,et al. Research on direct torque control of permanent magnet synchronous motor drive based on extended state flux linkages observer// The 8th International Conference on Electronic Measurement & Instruments. Xi'an, 2007.

[6]　Xiao D,Foo G,Rahman M F. A new combined adaptive flux observer with HF signal injection for sensorless direct torque and flux control of matrix converter fed IPMSM over a wide speed range// The IEEE Energy Conversion Congress and Exposition. Atlanta,2010.

[7]　Foo G H B,Rahman M F. Sensorless direct torque and flux-controlled IPM synchronous motor drive at very low speed without signal injection. IEEE Transactions on Industrial Electronics,2010,57(1):395-403.

[8]　Abjadi N R,Markadeh G A,Soltani J. Model following sliding-mode control of a six-phase induction motor drive. Journal of Power Electronics,2010,10(6):694-701.

[9]　Zidani F,Diallo D,Benbouzid M E H,et al. Direct torque control of induction motor with fuzzy stator resistance adaptation. IEEE Transactions on Energy Conversion,2006,21(2):619-621.

[10]　Zaimeddine R,Berkouk E M,Refoufi L. Two approaches for direct torque control using a three-level voltage source inverter with real time estimation of an induction motors stator resistance. Mediterranean Journal of Measurement and Control,2007,3(3):134-142.

[11]　Sayouti Y,Abbou A,Akherraz M,et al. On-line neural network stator resistance estimation in direct torque controlled induction motor drive// The 9th International Conference on Intelligent Systems Design and Applications. Pisa,2009.

[12]　Tlemcani A,Bouchhida O,Benmansour K,et al. Direct torque control strategy (DTC) based on fuzzy logic controller for a permanent magnet synchronous machine drive. Journal of Electrical Engineering and Technology,2009,4(1): 66-78.

[13]　Aktas M,Ibrahim O H. Stator resistance estimation using ANN in DTC IM drives. Turkish Journal of Electrical Engineering and Computer Sciences,2010,18(2):197-210.

[14]　Draou A,Miloudi A. A simplified speed controller for direct torque neuro fuzzy controlled induction machine drive based on a variable gain PI controller// The 4th International Pow-

er Engineering and Optimization Conference. Selangor,2010:533-538.

[15]　张丽秀,刘晓辉,吴玉厚.电主轴定子电阻特性分析.机电产品开发与创新,2012,25(5):
162-164.

[16]　张丽秀,吴玉厚,片锦香.电主轴定子电阻混合智能辨识方法.沈阳建筑大学学报,2013,
29(6):1098-1103.

[17]　陈世坤.电机设计.北京:机械工业出版社,2004.

[18]　刘军锋,李叶松.定子电阻对无速度传感器系统的影响及其在线调整.电气传动,2007,
37(11):6-9,41.

[19]　张丽秀,周亚静,片锦香,等.基于 RBF 网络的电主轴定子电阻辨识.控制工程,2011,
18(S1):44-47.

[20]　Zbigniew K,Maria M K,Stefan Z,et al. CBR methodology application in an expert system
for aided design ship's engine room automation. Expert Systems with Applications,2005,
29(2):256-263.

[21]　Vong C M,Wong P K,Ip W F. Case-based expert system using wavelet packet transform
and kernel-based feature manipulation for engine ignition system diagnosis. Engineering
Applications of Artificial Intelligence,2011,24(7):1281-1294.

[22]　Olsson E,Funk P,Xiong N. Fault diagnosis in industry using sensor readings and case-
based reasoning. Journal of Intelligent & Fuzzy Systems,2004,15(1):41-46.

[23]　Stéphane N,Le L J M. Case-based reasoning for chemical engineering design. Chemical
Engineering Research & Design,2008,86(6):648-658.

[24]　Reguera Acevedo P,Fuertes Martinez J J,Dominguez Gonzalez M,et al. Case-based rea-
soning and system identification for control engineering learning. IEEE Transactions on
Education,2008,51(2):271-281.

[25]　Tsai C Y,Chiu C C. A case-based reasoning system for PCB principal process parameter
identification. Expert Systems with Applications,2007,32(4):1183-1193.

[26]　吴丽娟,张健宇,高立新.基于神经网络和案例推理的智能诊断系统综述.机械设计与制
造,2009,(3):261-263.

[27]　张玉梅,曲仕茹,温凯歌.基于混沌和 RBF 神经网络的短时交通流量预测.系统工程,
2007,25(11):26-30.

[28]　王俊松,高志伟.基于 RBF 神经网络的网络流量建模及预测.计算机工程与应用,2008,
(13):6-7,11.

[29]　朱树先,张仁杰.BP 和 RBF 神经网络在人脸识别中的比较.仪器仪表学报,2007,28(2):
375-379.

[30]　Sum J,Leung C,Ho K. Prediction error of a fault tolerant neural network. Neurocomput-
ing,2006,72(1-3):653-658.

[31]　Zeng W,Wang Q. Learning from adaptive neural network control of an underactuated rigid
spacecraft. Neurocomputing,2015,168(C):690-697.

[32]　Lee C C,Chiang Y C,Shih C Y,et al. Noisy time series prediction using M-estimator based

robust radial basis function neural networks with growing and pruning techniques. Expert Systems with Applications,2009,36(3):4717-4724.

[33] Zhang L X,Wu Y H,Zhang K. Hybrid intelligent method of identifying stator resistance of motorized spindle. International Journal on Smart Sensing and Intelligent Systems, 2014,7(2):781-797.

[34] Kolodner J L,Cox M T,Gonzalez-Calero P A. Case-based reasoning-inspired approaches to education. Knowledge Engineering Review,2005,20(3):299-303.

[35] Yang B S,Jeong S K,Oh Y M,et al. Case-based reasoning system with Petri nets for induction motor fault diagnosis. Expert Systems with Applications,2004,27(2):301-311.

[36] 史忠植. 知识发现. 2 版. 北京:清华大学出版社,2010.

[37] 冯思玲.生物地理学优化算法及其在生物序列模式发现中的应用. 成都:电子科技大学, 2014.

[36] Ma H P. An analysis of the equilibrium of migration models for biogeography-based optimization. Information Sciences,2010,180(18):3444-3464.

[37] Gong W Y,Cai Z H,Ling C X,et al. A real-coded biogeography-based optimization with mutation. Applied Mathematics and Computation,2010,216(9):2749-2758.

[38] 吴玉厚,张云龙,张丽秀. 基于生物地理学优化算法的高速磨削电主轴定子电阻辨识. 沈阳建筑大学学报,2017,33(5):898-905.

[39] 马海平,李雪,林升东.生物地理学优化算法的迁移率模型分析. 东南大学学报,2009, 39(S1):16-21.

第 6 章　电主轴热态性能预测技术

控制电主轴热变形通常有两种途径,即通过电主轴结构优化设计避免其工作中温度过高以及通过冷却润滑系统主动控制电主轴温升,预测电主轴的热变形并实施补偿。这两种途径存在本质区别,但无论哪种途径都需要预先建立电主轴热模型,并完成温度场即热变形预测。

常用的电主轴单元热设计及机械设计方法是有限元分析法。该种分析方法存在两个问题:一是考虑因素不够全面,分析中往往忽略转速、油气两相流、轴承热变形后的预紧力变化等诸多因素,存在温度场预测的不准确性,影响电主轴单元的优化设计结果;二是忽略了影响因素的动态变化,即电主轴电磁场、流场、温度场、应力场动态波动及相互耦合作用,从而影响温度场预测精度及优化设计结果。高速电主轴生热、传热的多场耦合工况条件增加了电主轴本身热性能的复杂性,这使得电主轴温升预测与主动控制成为研究的难点。

通过对电主轴生热机理和换热机制的分析可得电主轴系统温度场。电主轴系统温度场影响因素如图 6.1 所示。电机和轴承产生的热量通过热传导的方式传至电主轴其他部位,其传导速率主要与材料属性和电主轴各部位温度差等有关,因此不需要考虑从热传导的角度提高温度场的预测精度。在热源一定的情况下,可以从提高换热系数的计算精度考虑,建立精确的电主轴温度场预测模型[1~7]。

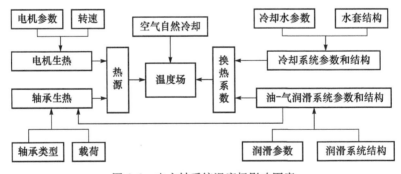

图 6.1　电主轴系统温度场影响因素

6.1　电主轴温度场有限元模型

选择 COMSOL Multiphysics 软件进行电主轴温度场分析,其功能实现主要分为以下几个步骤：几何建模、添加材料属性、选择物理场及设置边界条件、网格划分、求解和后处理。

1. 几何建模

选择 3D 建模，设置模型尺寸单位为 mm，将 AutoCAD 图或 SolidWorks 图导入 COMSOL Multiphysics 软件中，也可以选择在有限元软件中建模。将170SD30-SY 型电主轴为研究对象，考虑电机和轴承发热的三维模型进行仿真分析。在保证计算精度的前提下，将一对角接触球轴承、转子、定子等简化后装配在主轴上，忽略所有的螺钉、通气孔、通油孔及其一些细小结构，建立电主轴三维模型并进行仿真分析。170SD30-SY 型电主轴有限元模型如图 6.2 所示。

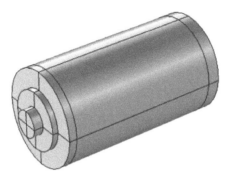

图 6.2　170SD30-SY 型电主轴有限元模型

2. 添加材料属性

170SD30-SY 型电主轴模型中的材料参数如表 6.1 所示。

表 6.1　模型中的材料参数

部件	材料	密度/(g/cm³)	热导率/[W/(m·℃)]	比热容/[J/(kg·℃)]
定子绕组	铜	8.856	400	386
定子铁心	硅钢	7.852	35	535
水套	45Cr	7.850	60.50	434
转子导条	铸铝	2770	——	875
转轴	45Cr	7.850	60.50	434

3. 选择物理场及设置边界条件

根据建立电主轴温度场预测模型的需要，选择 COMSOL Multiphysics 软件中的固体传热模块就能满足需要。将电机定子、转子和轴承分别设置为热源；由于转子端部与周围空气之间、轴承与压缩空气之间、定子与冷却水之间、定转子间隙由于受油气润滑系统压缩空气之间及电主轴外表面与周围空气都存在热对流,通过换热系数设置为换热边界。

4. 网格划分

考虑模型结构为回转体,因此采用规则的四面体和三角形进行较细化的网格剖分,其中,四面体单元个数为337076,三角形单元个数为61172,网格总体积为6475000m³。170SD30-SY型电主轴模型网格划分如图6.3所示。

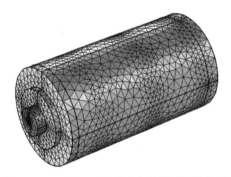

图6.3　170SD30-SY型电主轴模型网格划分

5. 求解和后处理

求解时可根据需要选择稳态求解器和瞬态求解器,计算时同时选择物理场接口,设置相对容差、误差估计因子及最大迭代次数,也可选用默认的设置。

计算完成后,可根据需要进行后处理。可通过改变绘图组中的物理量表达式选择不同的云图,如温度场云图、等温线图、热流密度云图、流场图等。

6.2　基于损耗试验的电主轴生热量计算

电主轴运行时采用变频器供电,且运转速度及载荷变化频繁,因电磁损耗而产生的电机发热不容忽视。高速变载运转使轴承摩擦发热影响因素更为复杂。为了比较精确地获得电主轴电机生热量及其轴承生热量,需要测试电主轴电机损耗及轴承摩擦损耗,电主轴加载及性能测试系统如图6.4所示。

电主轴加载及性能测试系统工作流程如下[8]:

(1)用联轴器连接加载电主轴和被测电主轴,并将被测电主轴电源切断,被测电主轴通过加载电主轴的带动而旋转,被测电主轴与加载电主轴保持同步旋转,可认为被测电主轴的损耗形式为摩擦损耗,此时可测量出加载电主轴的输入功率为 P_{J1}。

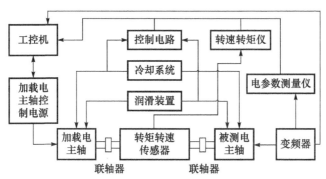

图 6.4　电主轴加载及性能测试系统

（2）断开被测电主轴与加载电主轴,独自运转加载电主轴至第一步相同的转速,此时可测量出加载电主轴的输入功率为 P_{J2}。

（3）依旧保持被测电主轴与加载电主轴的断开状态,使被测电主轴空载运行至前两步相同的转速,此时被测电主轴的输入电压和电流可通过电参数测量仪测出,则可求出被测电主轴的输入功率为 P_{in}。转矩转速传感器可测量出被测电主轴的输出转矩和转速,进而被测电主轴的输出功率为 P_{out} 也可同时求出。被测电主轴的摩擦损耗为 $P_f=P_{J1}-P_{J2}$,被测电主轴的电机损耗为 $P_e=P_{in}-P_{out}-P_f$。

利用上述方法,采用加载装置可测得 170SD30-SY 型电主轴的摩擦损耗及电机损耗,假设理想情况下,损耗全部转化为热量。电主轴加载试验平台如图 6.5 所示。

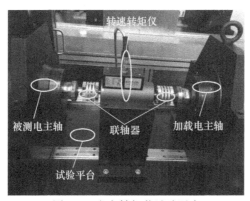

图 6.5　电主轴加载试验平台

一般情况下,损耗与负载有关,负载越大,损耗越大[9]。将损耗作为引起主轴温升的主要因素,并通过损耗计算生热量后加载到有限元模型中。

6.3　基于换热系数优化的电主轴温度场预测模型

在传统的电主轴温度场模型中,电主轴各部位的换热系数均采用经验公式计算得到。但在实际工作中,不同电主轴间存在个体差异性,电主轴换热系数受很多因素影响而呈现动态特征[10~13]。因此,采用经验公式获得的换热系数也会给预测模型带来误差。为了提高模型的预测精度,减少由换热系数计算误差带来的影响,有必要在由理论及经验公式所得换热系数的基础上,对其进行优化[14~27]。

首先通过试验获得电主轴某工况下的试验温度;然后采用理论及经验公式对该工况下的各部分换热系数进行计算,得出换热系数初始值,并将换热系数初始值加载至有限元模型,得出电主轴初始温度场分布;分别提取试验与仿真对应位置的温度数据;运用优化算法求出各部分换热系数的最优值,进而得出精确的电主轴温度场,此时的模型称为电主轴温度场预测模型,利用该模型仿真的温度称为预测温度。电主轴温升预测模型如图 6.6 所示。

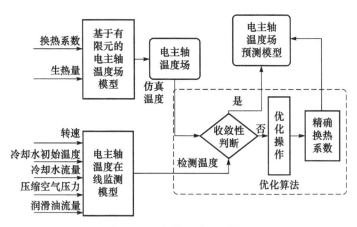

图 6.6　电主轴温升预测模型

6.3.1　基于遗传算法的电主轴温度场预测模型

在保证模型预测精度的基础上,为了减少计算量和计算时间,提高获取换热系数值的效率,本节提出一种在遗传算法优化换热系数的基础上,建立智能和精确电主轴温度场预测模型的方法。

1. 遗传算法概述

通过建立一种模拟自然选择的达尔文生物进化论和遗传学生物进化过程的计算模型,采用自然进化过程搜索最优解,这种方法称为遗传算法。遗传算法初始搜索是从代表问题可能潜在解集的一个种群,一定数目的个体采用基因编码的方式组成一个种群,实际上,每个个体都是带有染色体特征的实体。染色体是多个基因的集合,是遗传物质的主要载体,是通过某种基因组合来反映内部表现(即基因型),它对个体形状的外部表现起到决定性作用。

遗传算法的特点如下：

（1）搜索过程起始于初始种群，可以多点各向同时进行，跳出局部极值点，属于全局优化方法。

（2）仅靠目标函数数值信息进行寻优导航，对优化模型无特别要求，是一种普遍适用的算法。

（3）依靠种群进行搜索，对初始点设定不敏感，鲁棒性较好。

遗传算法流程如图 6.7 所示。可以看出，遗传算法的五大要素为：编码、初始种群生成、种群个体适应度评估、遗传操作及其操作过程中的算法参数设置。其在运算过程中，选择操作、交叉操作及变异操作过程中都包括随机函数，这样就可以随机模拟生物进化过程。

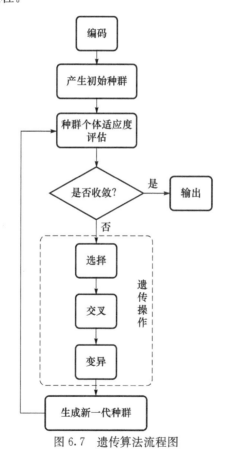

图 6.7　遗传算法流程图

2. 基于遗传算法的换热系数优化

1）基于遗传算法的电主轴换热系数优化参数设置

（1）用二进制编码来离散自变量，编码长度根据离散精度确定。本例设置离散精度为 0.01,各换热系数变化范围为 $[h_{\min},h_{\max}]$,则码长 $l=\log_2\left(\dfrac{h_{\max}-h_{\min}}{0.01}+1\right)$。

（2）适应度的大小是进行个体选择的依据。本例采用轮盘赌选择,令 $\mathrm{PP}_i=\sum\limits_{j=1}^{i}P_j$,$\mathrm{PP}_0=0$,其中 PP_i 为累计概率,P_j 为个体的选择概率。

$$P_j=\frac{\mathrm{fitness}(h_j)}{\sum\limits_{j=1}^{\mathrm{NP}}\mathrm{fitness}(h_j)} \tag{6.1}$$

式中,$\mathrm{fitness}(h_j)$ 为个体的适应度;NP 为种群中的个体数。

每次转轮时,随机数 r 会随机在 0～1 产生,当 $\mathrm{PP}_{i-1}\leqslant r\leqslant\mathrm{PP}_i$ 时选择个体 i。

（3）遗传算法中交叉概率选择直接影响算法性能（交叉概率计算公式见参考文献[1]）。本例采用单点交叉,设置交叉概率为 0.8。

（4）变异概率取值过小,不易产生新的个体结构;如果取值过大,遗传算法就变成了纯粹的随机搜索算法。因此,需要反复试验确定变异概率（变异概率计算公式见参考文献[1]）。本例设置变异概率为 0.05。

2）适应度函数

从式（6.1）可以看出,个体的适应度值越大,其选择概率越大。针对优化电主轴换热系数的问题,设 f 为所求解优化问题的目标函数,fit 为其适应度函数。

$$f=\frac{1}{n}\sum_{i=1}^{n}\sqrt{T_i-\widetilde{T}_i} \tag{6.2}$$

式中,n 为电主轴测温点数量;T_i 为试验监测电主轴温度,℃;$\widetilde{T}_i$ 为有限元仿真所得电主轴温度,℃。

$$\mathrm{fit}=\frac{1}{1+f} \tag{6.3}$$

当设置适应度值 fit$\leqslant0.67$ 时,即当 $f\leqslant0.5$ 时,终止迭代,输出最优换热系数值和最优电主轴温度场。

3）基于遗传算法的电主轴换热系数优化实现步骤

根据遗传算法的操作流程,遗传算法优化换热系数的运算步骤如下:

（1）根据第 3 章计算换热系数的理论及经验公式,结合具体工况参数,计算出该工况下不同位置的 5 个换热系数值,并对该工况下 31 个测试点的电主轴温度进行试验监测。

（2）初始化遗传算法中的各个参数、种群数目 $M=80$、最大迭代次数 $N=100$ 及各换热系数的范围。

（3）将所得换热系数加载至电主轴温度场预测模型,计算出初始温度场。

（4）提取对应 31 个测试点的模型预测温度,结合试验监测的 31 个测试点的试验温度,评估初始换热系数值的适应度。用轮盘赌策略确定个体的适应度,并判断其是否满足终止条件。

（5）若 fit≤0.67，则满足 f≤0.5，此时所得换热系数值即所求最优值，循环终止，输出最优换热系数和电主轴温度场预测模型；若 fit≥0.67，则不满足 f≤0.5，进行（6），并继续循环。

（6）依据适应度计算选择概率，采用轮盘赌选择再生个体，适应度高的个体被选中的概率大，适应度低的个体被淘汰。

（7）按照设置的交叉概率 p_c=0.8，并采用单点交叉的方法，生成新的个体。

（8）按照设置的变异概率 p_m=0.05，采用二进制变异的方法，生成新的个体。

（9）由交叉和变异后产生的新一代种群，返回（2）。

3. 基于遗传算法的电主轴温度场预测模型

计算中假设电主轴运行条件：

（1）环境温度 T_0=12℃。

（2）油气润滑系统中的润滑油采用 32 号透平油，压缩空气进口温度 T_a=8℃，进口压力 P=0.365MPa。

（3）水冷系统进水口温度 T_w=12℃，流量 Q=6.94×10^{-5} m³/s。

（4）空载转速为 10000r/min。根据上述条件，获得用于温度场优化的换热系数初值。通过损耗试验获得转速为 10000r/min 时的定子损耗如表 6.2 所示，并根据上述条件及图 3.3 所示换热形式，获得换热系数初值，如表 6.3 所示。

表 6.2　转速为 10000r/min 时的定子损耗（单位：W）

转子生热量 H_1	定子生热量 H_2	轴承生热量 H_3
157	314	98

表 6.3　转速为 10000r/min 时换热系数初值［单位：W/(m²·℃)］

转轴端部 换热系数 h_1	轴承与压缩空气 换热系数 h_2	定子与冷却水间的 换热系数 h_3	转子与定子间隙 换热系数 h_4	电主轴与外部空气 换热系数 h_5
121.35	71.42	190.12	146.81	9.7

将换热系数初值加载至电主轴有限元模型中，计算出换热系数优化前电主轴初始仿真温度场。提取初始仿真温度，结合试验监测的稳态温度，按照遗传算法优化迭代运算 100 次，得出优化后换热系数如表 6.4 所示。随着换热系数迭代次数增加，电主轴的等温线变化如图 6.8 所示，图中分别提取遗传算法迭代至 25 次、50 次和 100 次的电主轴温度场等温线图。可以看出，随着迭代的进行，电主轴温度场不断变化。

表 6.4　转速为 10000r/min 时遗传算法优化后换热系数［单位：W/(m²·℃)］

转轴端部 换热系数 h_1	轴承与压缩空气 换热系数 h_2	定子与冷却水间的 换热系数 h_3	转子与定子间隙 换热系数 h_4	电主轴与外部空气的 换热系数 h_5
188.20	127.71	500.29	188.42	19.99

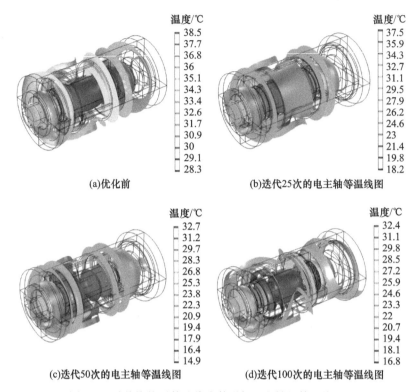

(a)优化前　　　　　　　　　(b)迭代25次的电主轴等温线图

(c)迭代50次的电主轴等温线图　　　(d)迭代100次的电主轴等温线图

图 6.8　随着换热系数迭代次数增加电主轴的等温线变化

分别选取壳体、前轴承、定子和后轴承位置某点的试验温度与优化前后电主轴稳态仿真温度对比,获得优化前后电主轴各位置仿真温度与试验温度对比如图 6.9 所示,优化前各位置平均误差达到 8℃,优化后各位置平均误差降为 0.81℃。

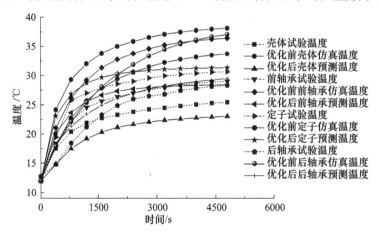

图 6.9　优化前后电主轴各位置仿真温度与试验温度对比

4. 试验验证

为验证该预测模型的预测结果不是偶然出现的,改变工况参数为:①环境温度 $T_0 = 12℃$;②油气润滑系统中的润滑油采用 32 号透平油,压缩空气进口温度 $T_a = 18℃$,进口压力 $P = 0.35\text{MPa}$;③水冷系统进水口温度 $T_w = 19℃$,流量 $Q = 8.9 \times 10^{-5}\text{m}^3/\text{s}$;④空载转速为 15000r/min。根据上述条件,获得转速为 15000r/min 时的电主轴损耗如表 6.5 所示,换热系数初值如表 6.6 所示。

表 6.5 转速为 15000r/min 时的电主轴损耗(单位:W)

转子生热量 H_1	定子生热量 H_2	轴承生热量 H_3
226.33	452.67	151

表 6.6 转速为 15000r/min 时换热系数初值[单位:W/(m²·℃)]

转轴端部换热系数 h_1	轴承与压缩空气换热系数 h_2	定子与冷却水间的换热系数 h_3	转子和定子间隙换热系数 h_4	电主轴与外部空气换热系数 h_5
142.45	109.12	223.85	178.37	9.7

同样,将换热系数初值加载至电主轴有限元模型用于计算电主轴初始仿真温度场。提取初始仿真温度,结合试验监测温度,按照如图 6.7 所示的遗传算法流程进行迭代运算 100 次,可得出优化后换热系数如表 6.7 所示。提取遗传算法迭代100 次的电主轴温度场等温线图、换热系数优化前后电主轴内部等温线图如图 6.10 所示。随机选取 4 个测试点对比试验温度与优化后预测温度,随机选取 4 个测试点如图 6.11 所示,测试点预测温度和试验温度对比如图 6.12 所示,基于遗传算法优化换热系数后,电主轴各位置平均预测温度误差为 0.75℃。

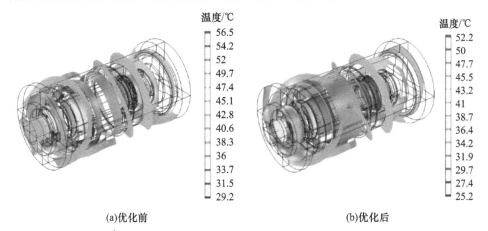

(a)优化前　　　　　　　　　　　　　(b)优化后

图 6.10 换热系数优化前后电主轴内部等温线图

表 6.7　转速为 15000r/min 时遗传算法优化后换热系数[单位:W/(m²·℃)]

转轴端部换热系数 h_1	轴承与压缩空气换热系数 h_2	定子与冷却水间的换热系数 h_3	转子和定子间隙换热系数 h_4	电主轴与外部空气换热系数 h_5
223.83	134.9	333.38	171.26	10.81

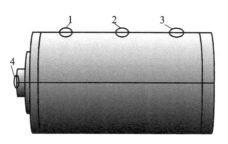

图 6.11　随机选取 4 个测试点

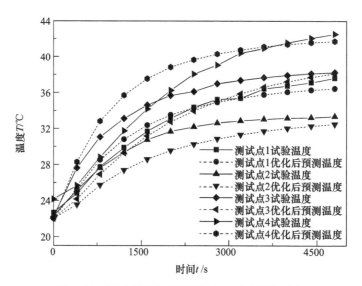

图 6.12　测试点优化后预测温度和试验温度对比

6.3.2　基于最小二乘法优化换热系数的电主轴温度场预测模型

最小二乘法是常用的优化方法,可以利用试验数据优化参数值。本节选用最小二乘法对如图 3.2 所示电主轴各部分共 5 个换热系数进行优化。

1. 基于最小二乘法的换热系数优化

电主轴稳定工作时,各部分的换热遵循能量守恒定律,所以热量从热源轴承、定子和转子通过热传导传至各个部件,电主轴与空气和冷却液对流换热是守恒的。

对于对流换热,根据式(3.11),得到电主轴边界面与空气和冷却水间的热流密度与换热系数间的关系,采用有限元算法,可求任一点的热流密度,进而可为换热系数的优化打下基础。

设 n 为电主轴测温点的数量,m 为每个测温点的数据采集次数,采用有限元模型计算温升 $\Delta\widetilde{T}$ 与实测温升 ΔT 的误差平方和来度量误差 $r_{ij}(i=1,2,\cdots,n;j=1,2,\cdots,m)$。

$$\sum_{i=1}^{n}\sum_{j=1}^{m}(\Delta T-\Delta\widetilde{T})_{ij}^{2}=\sum_{i=1}^{n}\sum_{j=1}^{m}r_{ij}^{2} \tag{6.4}$$

$$\begin{cases}\Delta\widetilde{T}=\widetilde{T}-T_{0}\\ \Delta T=T-T_{0}\end{cases} \tag{6.5}$$

式中,$\widetilde{T}$ 为有限元模型计算电主轴温度,℃;T 为实测的电主轴温度,℃。

电主轴有限元模型计算温升与热流密度的关系式为

$$\Delta\widetilde{T}=\frac{\widetilde{q}}{\widetilde{h}} \tag{6.6}$$

式中,$\widetilde{h}$ 为换热系数预测值;$\widetilde{q}$ 为电主轴与空气对流的热流密度,W/m²。

设 $\widetilde{h}_{k}$ 为区域 k 的换热系数预测值,有

$$\begin{cases}\widetilde{a}_{k}=\dfrac{1}{\widetilde{h}_{k}}\\ \Delta\widetilde{T}_{ij}=\widetilde{q}_{ij}\widetilde{a}_{k}\end{cases} \tag{6.7}$$

得到

$$I_{\min}=\sum_{i=1}^{n}\sum_{j=1}^{m}r_{ij}^{2}=\sum_{i=1}^{n}\sum_{j=1}^{m}(\widetilde{q}_{ij}\widetilde{a}_{k}-\Delta T_{ij})^{2} \tag{6.8}$$

因此,式(6.8)转化为 a_{k} 的多元函数的极值问题。由多元函数求最小值的必要条件为

$$\frac{\partial I_{\min}}{\partial\widetilde{a}_{k}}=2\sum_{i=1}^{n}\sum_{j=1}^{m}(\widetilde{q}_{ij}\widetilde{a}_{k}-\Delta T_{ij})\widetilde{q}_{ij}=0 \tag{6.9}$$

求解式(6.9)可得 a_{k}。由

$$h_{k}=\frac{1}{a_{k}},\quad k=1,2,\cdots,5 \tag{6.10}$$

求出各部分换热系数 h_{k} 的最优值。

2. 基于最小二乘法的电主轴温度场预测模型

计算中假设电主轴运行条件如下:

（1）环境温度 $T_0=23℃$。

（2）油气润滑系统中的润滑油采用 32 号透平油，压缩空气进口温度 $T_a=18℃$，进口压力为 $P=0.365MPa$。

（3）水冷系统进水口温度 $T_w=20℃$，流量 $Q=8.9×10^{-5}m^3/h$。

（4）空载转速为 12000r/min。根据上述条件，获得温度场仿真边界条件如表 6.8 所示。同时用电主轴温升测试装置测试该工况 31 个测试点的温度，用于换热系数优化的实测温度样本数据如表 6.9 所示。

表 6.8　温度场仿真边界条件

转轴端部换热系数 $h_1/[W/(m^2·℃)]$	轴承与压缩空气换热系数 $h_2/[W/(m^2·℃)]$	定子与冷却水间的换热系数 $h_3/[W/(m^2·℃)]$	转子和定子间隙换热系数 $h_4/[W/(m^2·℃)]$	电主轴与外部空气换热系数 $h_5/[W/(m^2·℃)]$	转子生热量 H_1/W	定子生热量 H_2/W	轴承生热量 H_3/W
96	113	169	156	9.7	157	314	98

将表 6.8 中定、转子及轴承生热量及各部件与换热介质之间的换热系数加载至 1/4 电主轴有限元模型中，可得出电主轴热流密度云图如图 6.13 所示，即电主轴 x、y、z 三个方向的传导热通量云图。

优化后的模型同样是三维模型的 1/4，基于最小二乘优化换热系数后电主轴温度场云图如图 6.14 所示。可以看出，优化前后电主轴各位置仿真温度有明显变化，换热系数优化对电主轴温度场精确预测有较大的影响。

表 6.9　用于换热系数优化的实测温度样本数据

编号	时间/s	测量点 1 温度/℃	测量点 12 温度/℃	测量点 18 温度/℃	测量点 27 温度/℃	测量点 28 温度/℃
1	0	23.19	23.31	23.81	23.75	23.56
2	20	23.31	23.44	23.81	23.75	23.81
3	40	23.56	23.81	23.81	24.75	24.25
4	60	23.81	24.06	24.81	24.75	24.63
⋮	⋮	⋮	⋮	⋮	⋮	⋮
307	5940	35.69	39.81	40.06	39.81	41.75
308	5960	35.69	39.75	40.06	39.81	41.75
309	5980	35.69	39.81	40.06	39.81	41.75
310	6000	35.75	39.81	40.06	39.81	41.75

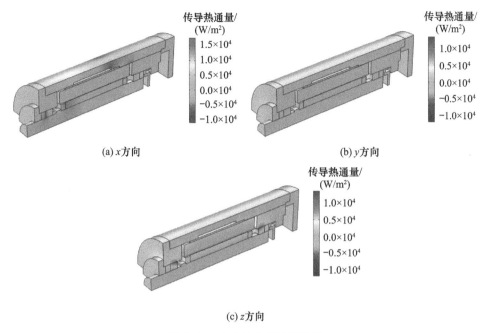

(a) x方向　　　　　　　　　　　　　　(b) y方向

(c) z方向

图 6.13　电主轴热流密度云图

　　为验证基于最小二乘换热系数优化的电主轴温度场预测模型的准确性,选取相同工况下四个测试点进行模型精度分析,用于检验预测模型精度的温度数据如表 6.10 所示,并将对应测试点的电主轴优化前后的仿真温度数据分别与这四组实测数据对比,电主轴关键部位优化前后仿真温度与试验温度对比如图 6.15 所示。可以得出,优化前仿真的电主轴温度场平均误差为 2.71℃,相对误差为 7.12%;优化后预测的电主轴温度场平均误差为 0.89℃,相对误差为 2.34%。

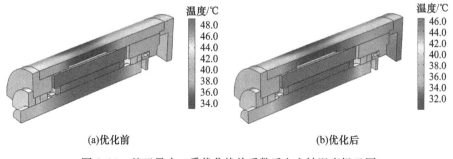

(a)优化前　　　　　　　　　　　　　　(b)优化后

图 6.14　基于最小二乘优化换热系数后电主轴温度场云图

表 6.10　用于检验预测模型精度的温度数据

编号	时间/s	测试点 6 温度/℃	测试点 14 温度/℃	测试点 18 温度/℃	测试点 29 温度/℃
1	0	23.31	23.94	23.38	23.94
2	20	23.31	24.19	23.56	23.06
3	40	23.41	24.63	23.94	24.25
4	60	23.51	24.94	24.19	24.38
⋮	⋮	⋮	⋮	⋮	⋮
307	5940	35.83	39.50	39.50	39.88
308	5960	35.80	39.44	39.50	39.88
309	5980	35.81	39.50	39.44	39.88
310	6000	35.84	39.50	39.50	39.88

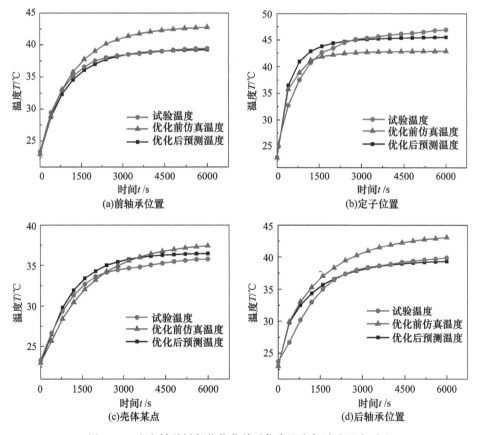

图 6.15　电主轴关键部位优化前后仿真温度与试验温度对比

6.4　预测模型精度分析

判定该预测模型的预测精度,可选用平均相对误差、方差和标准差对模型的预测精度进行评价,预测模型的平均相对误差 SDE 的计算公式为

$$\mathrm{SDE} = \sqrt{\frac{\sum_{i=1}^{n} e_i^2}{n}} = \sqrt{\frac{1}{n} \sum_{i=1}^{n} (T_i - \widetilde{T}_i)^2} \tag{6.11}$$

预测模型的方差 S^2 的计算公式为

$$S^2 = \frac{1}{n} \sum_{i=1}^{n} (r_i - \bar{r})^2 = \frac{1}{n} \sum_{i=1}^{n} a^2 \tag{6.12}$$

式中,r_i 为 i 点的温度预测误差;$\bar{r}$ 为所有测量点温度预测误差的均值。

标准偏差 S 的计算公式为

$$S = \sqrt{\frac{1}{n-1} \sum_{i=1}^{n} (r_i - \bar{r})^2} = \sqrt{\frac{1}{n-1} \sum_{i=1}^{n} a^2} \tag{6.13}$$

6.4.1　基于最小二乘优化换热系数的电主轴温度场模型精度分析

在遗传算法优化换热系数模型中,电主轴温升测试系统中 31 个测试点数据全部用作试验样本数据,所以在进行精度分析时不能重复使用。可用冷却水出口温度判断预测精度。基于最小二乘的电主轴出水口预测温度如表 6.11 所示。$n=12000\mathrm{r/min}$ 出水口优化后预测温度与试验温度对比如图 6.16 所示。可以看出,模型预测误差较小,预测精度较高。根据式(6.11)~式(6.13),得出采用最小二乘法优化换热系数时,电主轴温度场预测模型的平均相对误差为 0.96%,方差为 1.92×10^{-4},标准差为 0.014。

表 6.11　基于最小二乘的电主轴出水口优化后预测温度

时间 t/s	出水口优化后预测温度 $T^*/{}^\circ\!\mathrm{C}$
0	20.00
400	20.96
800	21.90
1200	22.70
1600	22.80
2000	22.92
2400	23.04

续表

时间 t/s	出水口优化后预测温度 $T^*/\mathrm{\degree\!C}$
2800	23.16
3200	23.29
3600	23.41
4000	23.49
4400	23.53
4800	23.59

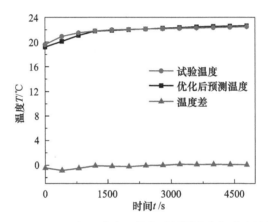

图 6.16　$n=12000\mathrm{r/min}$ 出水口优化后预测温度与试验温度对比

6.4.2　基于遗传算法优化换热系数的电主轴温度场模型精度分析

基于遗传算法的电主轴出水口预测温度如表 6.12 所示。出水口预测温度和试验温度对比如图 6.17 所示。可以看出,模型预测误差较小,预测精度较高。根据式(6.11)～式(6.13),主轴转速为 10000r/min 的平均相对误差为 1.5%,方差为 2.87×10^{-4},标准差为 0.017;当主轴转速为 15000r/min 时,相对平均预测误差为 3.6%,方差为 2×10^{-3},标准差为 0.045。

表 6.12　基于遗传算法的电主轴出水口优化后预测温度

时间 t/s	出水口优化后温度 $T^*/\mathrm{\degree\!C}$	
	10000r/min	15000r/min
0	12.00	18.76
400	14.19	19.62

续表

时间 t/s	出水口优化后温度 T^* /℃	
	10000r/min	15000r/min
800	15.03	20.03
1200	15.37	22.34
1600	15.43	23.21
2000	15.71	23.62
2400	15.68	23.84
2800	15.78	24.00
3200	15.87	24.09
3600	15.90	24.28
4000	15.93	24.43
4400	16.03	24.50
4800	16.05	24.61

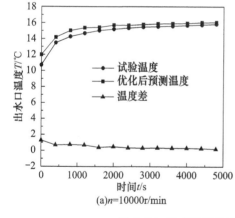
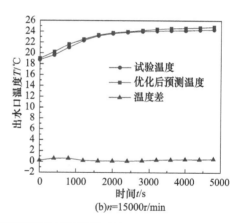

图 6.17　出水口优化后预测温度和试验温度对比

6.4.3　不同方法优化换热系数的电主轴温度场模型精度对比

对以上两种方法优化后的电主轴温度场预测精度进行对比,分别对两个模型平均相对误差、方差和标准差求平均值,电主轴温度场预测模型精度对比如表 6.13 所示。可以看出,采用最小二乘法优化换热系数所得电主轴温度场预测模型精度较高。这是由于采用遗传算法优化换热系数时,所用的温度样本数据为试验检测的电主轴稳态温度,这时假设电主轴各部分的换热系数是不随时间和电主轴温升变化的理想情况,即换热系数是恒定不变的,而实际上换热系数与温度场之间存在复杂的耦合关系。采用最小二乘优化换热系数时采用的温度样本数据是瞬态温度数据,此时的换热系数值随着时间和电主轴温升的变化而变化,即瞬态换热系数,与事实更为相符。所以,即使最小二乘法只选用 5 个测试点的瞬态样本数据也得出了预测精度较高的电主轴温度场模型。

表 6.13　电主轴温度场预测模型精度对比

方法	平均相对误差/%	方差/10^{-4}	标准差
最小二乘法	1.4125	7.93	0.024
遗传算法	2.05	22.87	0.031

6.5　电主轴温度场预测模型损耗灵敏度分析

在本书的预测模型中,除换热系数,电主轴的损耗发热量也是影响模型预测精度的参数,实际上在损耗试验测量损耗发热时存在一定误差,而在建模过程中,假设由电主轴性能测试系统测得电机损耗和轴承损耗 100% 转化为热量,所以热源作为电主轴温度场模型中热源边界条件,有必要对预测模型损耗的敏感度进行分析。

6.5.1　参数局部灵敏度分析方法

灵敏度分析是用于定性或定量地评价模型参数误差对模型结果产生的影响,是模型参数化过程和模型校正过程中的工具。局部灵敏度分析在某个参数最佳估计值附近进行"微扰动",而在其他参数保持不变的条件下,计算该参数在这一很小范围内的变化所导致模型输出结果的变化率。局部灵敏度分析方法简单、计算量较小、易于实施。因此,选择局部灵敏度分析方法对电主轴预测模型的损耗灵敏度进行研究。

莫尔斯分类筛选法是目前应用较广的一种灵敏度分析方法。莫尔斯分类筛选法属于一次一个变量法,其余参数值固定不变,在变量阈值范围内随机改变该参数值,运行模型得到模型输出值,用模型输出对模型输入的变化率来表示参数变化对输出值的影响程度。修正的莫尔斯分类筛选法采用自变量以固定步长变化,参数灵敏度指数取多次扰动计算除以莫尔斯系数的平均值,计算公式为

$$S = \frac{\sum_{i=0}^{n-1} \frac{(Y_{i+1} - Y_i)/Y_0}{(P_{i+1} - P_i)/100}}{n-1} \tag{6.14}$$

式中,S 为莫尔斯系数的平均值;Y_i 为模型第 i 次运行输出值;Y_{i+1} 为模型第 $i+1$ 次运行输出值;Y_0 为参数率定后计算结果初始值;P_i 为第 i 次模型运行参数值相

对于率定后初始参数值变化百分率;P_{i+1} 为第 $i+1$ 次模型运行参数值相对于率定后初始参数值变化百分率;n 为模型运行次数。

灵敏度判断因子 S 越大说明模型对该参数越灵敏,参数灵敏度等级如表 6.14所示。

表 6.14　参数灵敏度等级

等级	灵敏度范围	灵敏度
Ⅰ	$0 \leqslant \lvert S \rvert < 0.05$	不灵敏
Ⅱ	$0.05 \leqslant \lvert S \rvert < 0.2$	中等灵敏
Ⅲ	$0.2 \leqslant \lvert S \rvert < 1$	灵敏
Ⅳ	$\lvert S \rvert \geqslant 1$	高灵敏

6.5.2　预测模型损耗灵敏度分析

为了计算方便,取图 6.11 所示电主轴温度场预测模型的 4 个测试点的稳态温度数据作为灵敏度判定的输出值。S 为损耗灵敏度判定莫尔斯系数平均值;预测温度为模型运行的输出值;参数率定后计算结果初始值是图 6.11 中 4 个测试点的仿真温度;-10%、-5%、5% 和 10% 为模型运行 1、2、3、4 次后参数值相对于率定后初始参数值变化百分率;模型运行次数为 4。结合式(6.12),可得出模型中不同测试点的损耗灵敏度莫尔斯系数如表 6.15 所示。

表 6.15　模型中不同测试点的损耗灵敏度莫尔斯系数

测试点	莫尔斯系数
1	0.293
2	-0.449
3	0.004
4	-0.302

由表 6.15 中的莫尔斯系数可以得出,选取的 4 个测试点的平均莫尔斯系数 $\lvert S \rvert = 0.262$,对照表 6.14 中的灵敏度等级可以看出,电主轴温度预测模型对损耗的灵敏度属于Ⅲ级灵敏级别。因此,损耗的精确计算对于电主轴温度场预测模型的预测精度有很大影响。

选择以遗传算法优化换热系数后的电主轴温度场预测模型为例,对转速为 15000r/min 时,在损耗试验测得的电机和轴承数据 100% 转化为热量的参数初步率定的基础上,采用修正的莫尔斯分类筛选法对损耗的局部灵敏度进行分析,以 5% 为固定步长进行扰动,分别取值为 -10%、-5%、5% 和 10%。不同扰动下 4 个测温点模型预测温度与试验温度之间的对比如图 6.18 所示。

根据式(6.11)~式(6.13)并结合图 6.18 可以得出,当主轴转速为 15000r/min、损耗在 -10% 扰动时,预测模型的平均相对误差为 9.16%,方差为 0.00847,标准

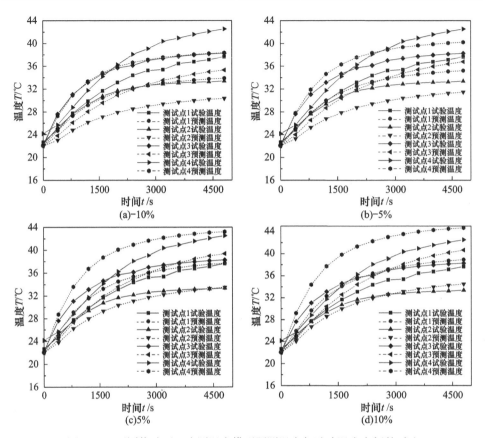

图 6.18　不同扰动下 4 个测温点模型预测温度与试验温度之间的对比

偏差为 0.0920；当损耗在 -5% 扰动时，预测模型的平均相对误差为 5.4%，方差为 0.00297，标准偏差为 0.0545；当损耗在 5% 扰动时，预测模型的平均相对误差为 1.26%，方差为 2.86×10^{-4}，标准偏差为 0.0169；损耗在 10% 扰动时，预测模型的平均相对误差为 4.51%，方差为 0.00219，标准偏差为 0.0468。

　　综上所述，可以得出，当损耗在 5% 扰动时，预测温度与试验温度误差最小，再次验证损耗的精确计算对电主轴温度场预测模型精度的影响。

6.6　电主轴热变形预测

　　目前，对于电主轴热变形预测主要有试验数据建模和机理有限元建模两种方法，由于热变形数据很难进行实时测量，对电主轴热变形的预测主要采用机理有限元建模方法。有限元模型在建立过程中，为了计算的简便性，需要做大量的假设，因此影响计算结果的准确性。将试验数据与有限元仿真相结合，并基于 BBO 算法对电主轴的换热系数进行优化,可提高电主轴热变形预测模型预测精度[28]。

6.6.1 电主轴热变形有限元模型

电主轴温升与热变形二者相互耦合。有限元耦合场分析可以分为间接耦合分析和直接耦合分析。与传统的有限元软件相比,使用的多物理场耦合有限元仿真软件是将电主轴温度场-结构场进行直接耦合,这样的耦合方式计算精度高,运算速度快,并且避免了由于忽略多场之间相互影响的因素所造成的误差。其运算过程主要分为 6 个步骤:几何建模、添加材料属性、选择物理场及设置边界条件、网格划分、求解和后处理。

1. 几何建模

利用 COMSOL Multiphysics 软件添加三维组件,设置模型长度单位为 mm,可以直接建立工作平面绘制几何图形,同时该软件也支持 AutoCAD 或 Solid-Works 数据格式,可以直接导入事先设计好的几何模型。以 100MD60Y4 型电主轴为研究对象,在保障计算精度的前提下,根据其实际结构尺寸,考虑主要结构,如主轴、定子、转子、轴承、平衡环、水套、外壳,忽略一些细小的结构,如所有的螺钉、通气孔、通油孔等。为了减少计算量,将主轴系统视为轴对称结构,建立电主轴 1/4 三维模型,100MD60Y4 型电主轴三维模型如图 6.19 所示。模型中材料的参数如表 6.16 所示。

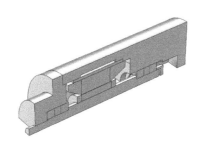

图 6.19 100MD60Y4 型电主轴三维几何模型

表 6.16 100MD60Y4 型电主轴模型中材料的参数

部件	材料	密度 /(g/cm³)	线膨胀系数 /(10⁻⁶℃⁻¹)	热导率 /[W/(m·℃)]	比热容 /[J/(kg·℃)]
定子绕组	铜	8.856	9	400	386
定子铁心	硅钢	7.852	13	35	535
水套	40Cr	7.850	10	60.50	434
转子导条	铸铝	2770	23.6	167	875
转轴、壳体	40Cr	7.850	10	60.50	434

　　根据建立电主轴温度场-结构场耦合模型的需要,选择多物理场的热应力模块,该模块是固体传热和固体力学模块的直接耦合。将电机的定子、转子和轴承分别设置为热源;由于电主轴表面壳体与外界空气、气隙中冷却气体与定/转子之间、转轴轴头与空气之间、轴承与压缩空气之间、定子水套与冷却水之间、转轴端部与空气之间都存在不同程度的换热,通过设置不同位置的换热系数作为边界条件,设置固定约束。

　　考虑到模型结构为回转体,采用规则的四面体和三角形单元对电主轴结构进行较细化的网格划分,其中,四面体单元个数为 25480,三角形单元个数为 8110,网格总体积为 348300.0m³,100MD60Y4 型电主轴网格划分如图 6.20 所示。

图 6.20　100MD60Y4 型电主轴网格划分

2. 边界条件

　　选择电主轴的转速为 12000r/min,环境温度 15℃,油气润滑系统进气压力为 0.20MPa,单次供油量为 16.3mm³/min,供油时间间隔为 3min,恒温水冷系统水温 18℃,水流量为 1.67×10^{-4} m³/s,主轴外壳体为固定约束。仿真边界条件如表 6.17 所示。

表 6.17　仿真边界条件

定子生热量/W	转子生热量/W	轴承生热量/W	转轴端部换热系数 h_1/[W/(m²·℃)]	轴承与压缩空气换热系数 h_2/[W/(m²·℃)]	定子与冷却水间的换热系数 h_3/[W/(m²·℃)]	转子和定子间隙换热系数 h_4/[W/(m²·℃)]	电主轴与外部空气换热系数 h_5/[W/(m²·℃)]	轴头与空气换热系数 h_6/[W/(m²·℃)]
153.8	76.0	70	119.76	99.2	550	206.5	9.7	85.6

　　计算得到的 100MD60Y4 型电主轴温度场、热变形云图如图 6.21 所示。由图 6.21(a)可以看出,电主轴在达到稳定状态时,其内部温度分布较为明显,转子处的温度最高,可以到达 52.9℃。虽然转子的生热量仅占电机生热量的 1/3,但电主轴腔体内部空间小,转子在高速旋转过程中带动周围空气产生的热量不能很好地散去,所以其温升最高。定子生热量虽然占到电机生热量的 2/3,但其稳态时温度约为 32℃,主要是由于冷却系统可以通过冷却水源源不断地流动,带走大部分

定子产生的热量,起到了良好的降温效果[29]。前后轴承处的温升也比较明显,前轴承处的温度要略高于后轴承的温度,这是由于前轴承更接近于内置电机,热量也会由转子传递到前轴承,使得前轴承的温升略高于后轴承。

由图 6.21(b)可以看出,当电主轴处于稳态时,电主轴整体热变形主要集中在电主轴的前端,其中热变形最大的位置为转轴的前端,最大热变形可达到 $75.8\mu m$。在实际的加工机床上,转轴的前端则是刀具安放的位置,此处热变形最大。在机床实际加工过程中,刀具会由于电主轴热变形的影响,发生变形,这严重降低了机床的加工精度。

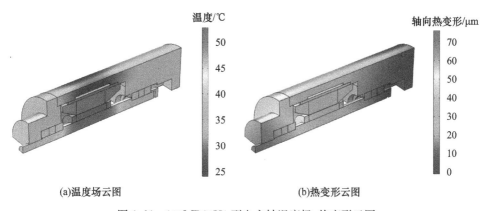

(a)温度场云图　　　　　　　　　　　　(b)热变形云图

图 6.21　100MD60Y4 型电主轴温度场、热变形云图

6.6.2　基于换热系数优化的电主轴热变形预测模型

换热系数的准确性对主轴有限元分析精度的影响最为明显[14,28]。BBO 算法是一种新型的基于群体智能的优化算法,相关研究验证了 BBO 算法在工程应用中的可行性、正确性及优越性[30~34]。在第 5 章中,MLBBO-BP 算法用于电主轴定子电阻辨识,本章利用 BBO 算法预测电主轴热变形。

1. 基于 BBO 算法的电主轴热变形预测原理

基于 BBO 算法的电主轴热变形预测模型建立过程如下:

(1) 根据电主轴运动参数及电参数,计算电主轴定子损耗、转子损耗及轴承损耗,并将损耗全部转化为生热量。

(2) 建立电主轴温度场有限元模型,将生热量和换热系数作为模型的边界条件,计算温度 $\widetilde{T}$。

(3) 电主轴静止元件温度数据采集,并提取各位置温度数据 T。

(4) 以稳态数据为基础,基于实测温度 $\boldsymbol{T}=\begin{bmatrix} T_1^m & T_2^m & \cdots & T_n^m \end{bmatrix}^{\mathrm{T}}$($n$ 为测温点的

数量，m 为数据采集次数）与有限元模型计算温度 $\tilde{\boldsymbol{T}} = [\tilde{T}_1^m \quad \tilde{T}_2^m \quad \cdots \quad \tilde{T}_n^m]^{\mathrm{T}}$，采用优化算法优化换热系数，并将其反馈到有限元模型中。

（5）建立电主轴热变形有限元模型并计算热变形。

电主轴热变形动态预测模型如图 6.22 所示。

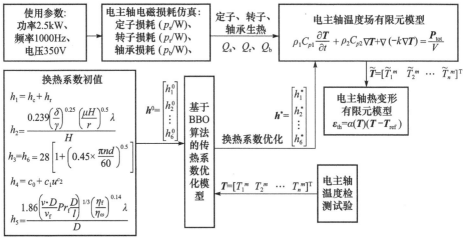

图 6.22　电主轴热变形动态预测模型

电主轴油气润滑系统除了对主轴轴承的润滑，压缩空气的流动也可以对轴承起到冷却作用[35]。电主轴每个区域的对流换热系数不同，为了准确预测电主轴热变形，可以根据图 3.2 将电主轴内部换热系数划分为 5 个，也可以将电主轴内部的换热系数分为 6 个，电主轴内部换热形式区域划分如图 6.23 所示，包括转轴端部换热系数 h_1、轴承与压缩空气换热系数 h_2、定子与冷却水间的换热系数 h_3、转子和定子间隙换热系数 h_4、电主轴与外部空气换热系数 h_5、轴头与空气换热系数 h_6。

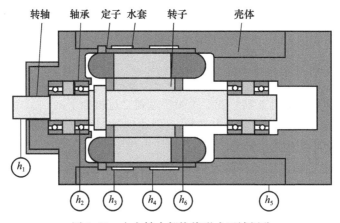

图 6.23　电主轴内部换热形式区域划分

2. 基于 BBO 算法的电主轴换热系数优化实现步骤

基于 BBO 算法的换热系数优化的具体步骤如下：

（1）初始化 BBO 算法中的各个参数。设置栖息地数量 $S=50$、进化次数 $N=100$、最大种群数量 $n=6$、迁入率最大值 $I=1$、迁出率最大值 $E=1$、最大变异率 $m_{max}=0.05$、各换热系数的范围。

（2）结合具体工况参数，计算换热系数初值 $\boldsymbol{h}^0=[h_1^0 \quad h_2^0 \quad h_3^0 \quad h_4^0 \quad h_5^0 \quad h_6^0]^T$。

（3）将所得换热系数 $\boldsymbol{h}$ 加载至电主轴温度场预测模型，计算温度场，提取对应 n 个测试点的模型预测温度。

（4）结合试验监测的 n 个测试点的试验温度，评估适应度。

（5）判断是否满足终止条件。循环终止条件为：若满足 $f \leqslant 0.5$，所得换热系数即所求最优值，则循环终止，输出最优换热系数和电主轴温度场预测模型；若 $f>0.5$，则进行（6），开始循环。

（6）计算每一个栖息地的适宜度、迁入率和迁出率。

（7）进行迁移操作。

（8）计算变异概率[36]。

（9）产生的下一组栖息地，返回（3）进行计算。

基于 BBO 算法换热系数的优化流程如图 6.24 所示。

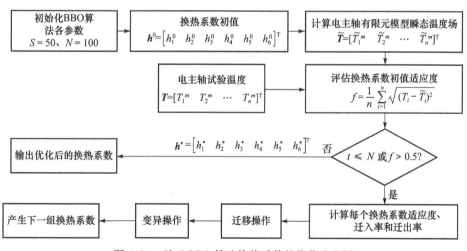

图 6.24　基于 BBO 算法换热系数的优化流程图

3. 电主轴温度测试试验

BBO 算法优化换热系数，需要采集电主轴温度数据。由于电主轴的高速旋转和结构精密性要求，只能采集其部分静止元件的温度数据。考虑测温点与热变形预测的相关性,选择了 7 个测温点。热变形预测主轴温度测试点位置分布如图 6.25 所示,电主轴表面共放置了 5 个传感器,其中测温点 1、2 位于前轴承位置,测温点 3、4 位于后轴承位置,测温点 5 位于测温点 1 和测温点 3 之间。同时,在电主轴内部定子线圈上和前轴承外圈分别内置了 1 个传感器,即测温点 6 测量定子温度,测温点 7 测量前轴承温度。每次试验时间为 3600s,试验中每 20s 采集一组数据,采集 180 组数据。试验进行 3 次,取其算术平均值。测得主轴在运行过程中各位置平均温度试验数据如表 6.18 所示。

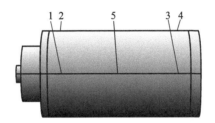

图 6.25　热变形预测主轴温度测试点位置分布

表 6.18　主轴在运行过程中各位置平均温度试验数据

编号	时间/s	温度/℃						
		测温点 1	测温点 2	测温点 3	测温点 4	测温点 5	测温点 6	测温点 7
1	0	12.96	12.96	12.97	12.97	12.96	15	15
2	20	13.24	13.25	13.15	13.14	13.03	15.16	15.84
3	40	13.39	13.4	13.33	13.32	13.11	15.27	15.95
4	60	14.01	14	13.6	13.56	13.2	15.39	16.17
⋮	⋮	⋮	⋮	⋮	⋮	⋮	⋮	⋮
177	3540	33.39	33.41	32.48	32.5	25.7	34.6	38.5
178	3560	33.40	33.41	32.5	32.5	25.7	34.6	38.5
179	3580	33.40	33.41	32.5	32.5	25.7	34.6	38.5
180	3600	33.40	33.41	32.5	32.5	25.7	34.6	38.5

4. 电主轴换热系数优化

按照图 6.25 所示的主轴测温点的位置分布图,从表 6.18 的 180 组数据中,选择 $\boldsymbol{T} = \begin{bmatrix} T_1^{180} & T_2^{180} & \cdots & T_6^{180} \end{bmatrix}^{\mathrm{T}}$ 作为 BBO 算法换热系数优化用数据。在有限元模型的对应位置设置节点,分别提取该位置稳态仿真后的温度 $\tilde{\boldsymbol{T}} = \begin{bmatrix} \tilde{T}_1^{180} & \tilde{T}_2^{180} & \cdots & \tilde{T}_6^{180} \end{bmatrix}^{\mathrm{T}}$,结合试验测得的第 3600s 的温度数据 $\boldsymbol{T} = \begin{bmatrix} T_1^{180} & T_2^{180} & \cdots & T_6^{180} \end{bmatrix}^{\mathrm{T}}$,按照 BBO 算法优化换热系数的步骤进行运算。设种群数量 $M=50$、最大迭代次数 $N=100$。BBO 算法迭代过程中目标函数变化曲线如图 6.26 所示。可以看出,算法经过 90 次迭代

后,目标函数值已经基本接近于 0.5,当迭代次数达到 100 次时,对流换热系数 $h_1^{100} \sim h_6^{100}$ 分别为 10.54、180.84、65.03、80.28、455.13 和 119.76。此时,目标函数 $f = 0.4995$,满足迭代终止条件。

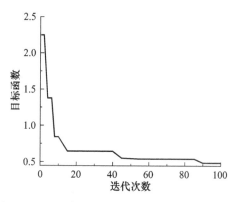

图 6.26　BBO 算法迭代过程中目标函数变化曲线

　　电主轴温度与热变形随 BBO 算法迭代次数变化情况如图 6.27 所示。分别提取迭代优化过程中第 25 次、第 50 次和第 100 次的电主轴温度场与热变形云图,可以看出,随着迭代过程的不断进行,电主轴的温度和热变形均在不断变化。

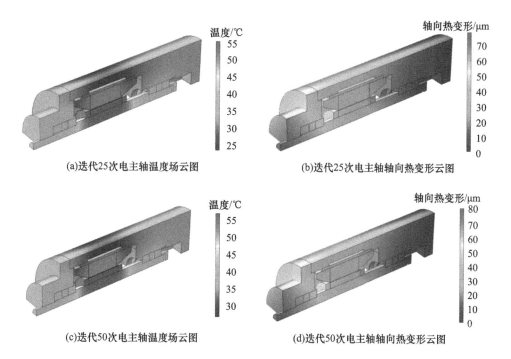

(a)迭代25次电主轴温度场云图

(b)迭代25次电主轴轴向热变形云图

(c)迭代50次电主轴温度场云图

(d)迭代50次电主轴轴向热变形云图

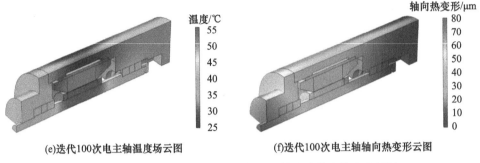

(e)迭代100次电主轴温度场云图　　　　　　(f)迭代100次电主轴轴向热变形云图

图 6.27　电主轴温度与热变形随 BBO 算法迭代次数变化情况

5. 瞬态温度预测误差验证

为了说明 BBO 算法优化换热系数对温度场预测精度的影响,将电主轴测温点试验温度 T 与换热系数优化前后电主轴仿真温度 $\tilde{T}$ 做对比。

基于 BBO 算法换热系数优化前后电主轴各位置仿真温度与试验温度如图 6.28 所示。可以看出,换热系数优化后,模型计算的电主轴各位置的温度与实测温度更接近。

基于 BBO 算法的电主轴前轴承温度预测结果和试验结果对比如图 6.29 所示。可以看出,优化后的电主轴模型前轴承温度曲线与试验温度曲线吻合度较高,在 0～1800s 时间范围内,二者之间最大温度差为 3.6℃,在 1800～3600s 时间范围内,二者间温度差值较小,模型预测精度较高。

基于 BBO 算法的电主轴转轴热变形预测结果如图 6.30 所示。可以看出,优化后的预测模型与试验结果曲线拟合度高,热变形误差较小,模型预测精度较高。

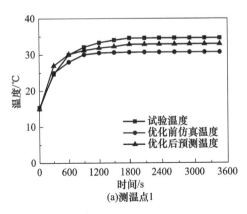

(a)测温点1

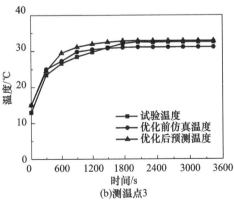

(b)测温点3

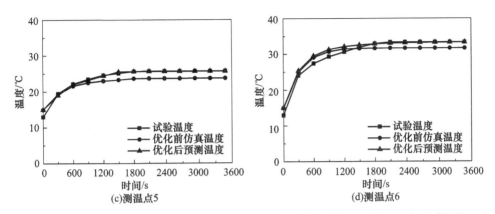

图 6.28　基于 BBO 算法换热系数优化前后电主轴各位置优化后预测温度与试验温度

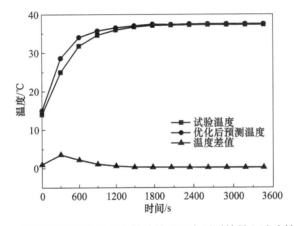

图 6.29　基于 BBO 算法的电主轴前轴承温度预测结果和试验结果对比

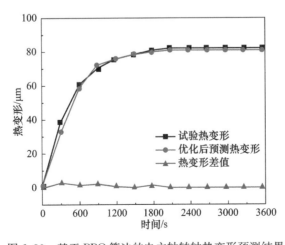

图 6.30　基于 BBO 算法的电主轴转轴热变形预测结果

参 考 文 献

[1]　Zhang L X, Li C Q, Wu Y H, et al. Hybrid prediction model of the temperature field of a motorized spindle. Applied Science, 2017, 7(10):1091.

[2]　Zhang L X, Li J P, Wu Y H, et al. Prediction model and experimental validation for the thermal deformation of motorized spindle. Heat and Mass Transfer, 2018, (2):1-14.

[3]　张丽秀, 李超群, 李金鹏, 等. 高速高精度电主轴温升预测模型. 机械工程学报, 2017, 53(23):129-136.

[4]　张丽秀, 夏万磊, 李界家, 等. 基于遗传神经网络的电主轴表面温度预测. 控制工程, 2016, 23(2):243-248.

[5]　Wu Y H, Li S H. Ceramic Motorized Spindle. London:ISCI Publishing, 2018.

[6]　张丽秀, 李金鹏, 李超群, 等. 数控机床高速主轴温升与热变形实验研究. 机械设计与制造, 2018, (1):129-132.

[7]　Shu Y J, He B M. Investigation of the high speed rolling bearing temperature rise with oil-air lubrication. Journal of Tribology, Transactions of ASME, 2011, 133(2):021101-1-021101-9.

[8]　张丽秀. 一种电主轴负载测试系统和方法:中国. 201310522511. 2015.

[9]　史清华, 张丽秀, 吴玉厚, 等. 基于热-结构耦合的精密车床机械主轴热变形仿真的分析. 机电产品开发与创新, 2015, (2):120-122.

[10]　张珂, 许文治, 张丽秀. 接触热阻对高速电主轴热态特征影响研究. 组合机床与自动化加工技术, 2018, (4):23-28.

[11]　张丽秀, 于诗瑶. 高速电主轴油气润滑产生的油雾对空气质量的影响. 沈阳建筑大学学报, 2018, (2):341-349.

[12]　张珂, 王小康, 张丽秀. 100MD60Y4 电主轴油气润滑系统建模及空气流场分析. 沈阳建筑大学学报, 2018, (3):505-513.

[13]　张丽秀, 夏万磊, 李界家, 等. 一种高速数控机床电主轴表面温度智能预测方法. 机电产品开发与创新, 2014, (4):133-135.

[14]　片锦香, 刘美佳, 张丽秀, 等. 基于蜂群算法的机床主轴对流换热系数优化. 仪器仪表学报, 2015, (12):2706-2713.

[15]　Pian J X, Liu M J, Liu J X, et al. Optimization of convective heat transfer coefficients of the mechanical spindle based on bee colony algorithm. Control Engineering, 2016, 23(9):1349-1355.

[16]　张丽秀, 李金鹏, 李超群. 150MD24Z7.5 型电主轴误差和热变形实验研究. 机械与电子, 2016, (9):59-61.

[17]　吴玉厚, 于文达, 张丽秀, 等. 150MD24Y20 高速电主轴热特性分析. 沈阳建筑大学学报, 2016, (4):703-709.

[18]　张丽秀, 公维晶. 电主轴气隙与热变形耦合关系仿真分析与研究. 微特电机, 2017, (11):34-39.

[19]　张丽秀, 公维晶. 100MD60Y4 高速电主轴热特性影响因素实验. 沈阳建筑大学学报,

2017,(4):703-712.

[20]　张丽秀,李超群,李金鹏. 高速主轴温升影响因素实验研究. 组合机床与自动化加工技术,2016,(6):75-77,91.

[21]　张丽秀,刘腾,李超群. 冷却水流速对电主轴电机温升的影响分析. 组合机床与自动化加工技术,2015,(8):36-38,42.

[22]　张珂,陈楠,张丽秀,等. 冷却水道宽度对陶瓷电主轴温升的影响研究. 机械设计与制造,2015,(3):104-106.

[23]　张丽秀,李超群,李金鹏,等. 高速电主轴冷却水参数对其温度场的影响研究. 机械科学与技术,2017,(9):1414-1420.

[24]　Zhang L X,Yan M,Wu Y H,et al. Simulation analysis for two different materials motorized spindles with model coupled multi-physics. Materials Research Innovations,2015,19(1):S2-1-7.

[25]　张丽秀,阎铭,吴玉厚. 高速电主轴机-电-热-磁耦合模型及其动态性能分析. 组合机床与自动化加工技术,2014,(11):35-38.

[26]　张丽秀,阎铭,吴玉厚,等. 两种不同材料的电主轴磁-热耦合有限元仿真分析. 机床与液压,2015,43(13):120-124.

[27]　吴玉厚,于文达,张丽秀,等. 基于损耗实验的电主轴温度场分析. 沈阳建筑大学学报,2014,30(1):142-146.

[28]　阳红,殷国富,方辉,等. 机床有限元热分析中对流换热系数的计算方法研究. 四川大学学报,2011,43(4):241-248.

[29]　Zhang L X,Liu T,Wu Y H. Design of the motorized spindle temperature control system with PID algorithm // The 2nd International Conference on Harmony Search Algorithm. Seoul,2015.

[30]　Rahmati S H A,Zandieh M. A new biogeography-based optimization (BBO) algorithm for the flexible job shop scheduling problem. International Journal of Advanced Manufacturing Technology,2012,58 (9-12):1115-1129.

[31]　Jain J,Singh R. Biogeographic-based optimization algorithm for load dispatch in power system. International Journal of Emerging Technology and Advanced Engineering,2013,3(7):549-553.

[32]　任伟建,赵月娇,王天任,等. 基于生物地理优化算法的神经网络故障诊断方法研究. 化工自动化及仪表,2014,41(2):149-153,18.

[33]　任伟建,赵月娇,王天任,等. 基于生物地理优化算法的抽油机故障诊断研究. 系统仿真学报,2014,26(6):1244-1250.

[34]　鲁宇明,王彦超,吴竹溪. 具有二重机制的生物地理优化算法及圆柱度误差评定研究. 机械工程学报,2016,52(24):80-87.

[35]　袁忠秋,张珂,张丽秀,等. 高速电主轴油气润滑流场仿真分析. 润滑密封,2014,39(3):79-83.

[36]　Dan J S. A Probabilistic analysis of a simplified biogeography-based optimization algorithm. Evolutionary Computation,2014,19(2):167-188.

第7章 电主轴振动自动抑制技术

由于运转在高速下,主轴对不平衡控制的要求比通常转子更加严格,微小的不平衡都可能导致主轴回转精度的严重丧失乃至轴承支承系统的失稳。只有将主轴残余不平衡量控制在一定范围内,才能抑制主轴在高速运行过程中的失衡振动,保证零件的加工精度。主轴系统受切削力激励、热变形以及高速旋转离心力等复杂工况的干扰,会破坏主轴原有的动平衡,从而使得高速机床主轴系统的稳定性被破坏。因此,开展高速主轴动平衡与其在线控制技术的研究,能充分发挥高速主轴的效能,保障机床的长期稳定和高效运行。

转子在线自动平衡技术主要包括被动平衡技术和主动平衡技术。被动平衡技术是当柔性转子工作在临界转速以上时,其原始不平衡与振动响应呈钝角,配重块会受离心力作用自动补偿原始不平衡。主动平衡技术采取由外部输入能量的控制方式主动实现转子自动平衡,通常分为两类:一类是直接主动振动控制,它直接在旋转物体上施加外力抵消不平衡导致的离心力,达到抑振的目的,外部力一般通过电磁力、液体冲击力等形式施加;另一类是质量重新分布控制,它利用随转子共同旋转的平衡终端对转子进行平衡,平衡终端内部可以通过调整质量分布改善不平衡状态[1]。

旋转机械振动控制技术是一种典型的故障自愈技术,其研究内容主要集中于不平衡振动控制方面。振动主动控制的核心技术为平衡装置设计、控制方法和振动信号采集与处理技术。

7.1 动平衡系统组成及工作原理

为了不影响机床加工,主轴在线动平衡装置推荐采用内置式结构[2~5]。内置式主轴在线动平衡系统主要包括平衡头、主轴、电机、电涡流传感器、底座、控制器、数据采集器、计算机。当主轴为空心结构时,平衡头可安装在主轴内孔中,内部采用若干霍尔传感器用于测量相位和转速;控制器直接连接平衡头,用于平衡头的驱动控制和信号传输;振动的测量一般采用电涡流位移传感器。振动测试系统框图如图 7.1 所示。

7.1.1 平衡头

电磁滑环式在线动平衡装置主要由静环和动环两部分组成[6]。静环是电磁驱动器,主要由线圈、铁心组成。动环是执行器,主要由轴承支承的配重盘组成,是形成动平衡补偿矢量的元件。装置内两个配重盘各自转到某一个角度时,会合成一个矢量,当该矢量与机器原始不平衡量大小相等、方向相反时,系统才达到动平衡。

当两个配重盘各自产生的不平衡量相差 180°时,装置无平衡作用。当两个配重盘各自产生的不平衡量完全重叠时,平衡头具有最大平衡能力。

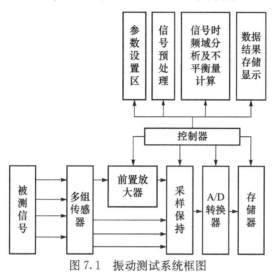

图 7.1　振动测试系统框图

当检测到主轴振动超过设置的阈值时,软件系统就开始处理振动信号,算出配重盘应该到达的位置,然后通过控制器向静环线圈发送电脉冲,线圈产生电磁场,驱动配重盘转动到目标位置,补偿机器的不平衡。

电磁滑环的动作原理如图 7.2 所示,静环由高磁导率的材料制成,为多齿结构,静环上绕有线圈。动环上安装有永磁体,静环齿与齿槽的长度都等于动环上两永磁体的间距,其作用是稳定平衡位置并传递线圈产生的电磁场。当线圈激励时,静环齿与配重盘上的永磁体相互作用,实现步进,当线圈激励结束后,配重盘稳定在下一个位置不动。电磁滑环式平衡头如图 7.3 所示。

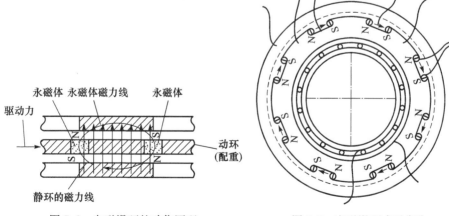

图 7.2　电磁滑环的动作原理　　　　　　图 7.3　电磁滑环式平衡头

当下一个电压脉冲到达时,电磁力将打破图示的稳定位置,推动配重盘向下一个稳定位置滑移,配重盘从当前稳定位置向下一个稳定位置的滑移过程如图 7.4 所示。

图 7.4　配重盘从当前稳定位置向下一个稳定位置的滑移过程

7.1.2　传感器

在线动平衡系统根据转子系统的振动信息判断不平衡量特征,并据此进行质量调整,实现在线动平衡。振动信号的测量品质对动平衡系统的性能具有决定性的影响。

普通振动信号具有三要素:振动幅值、振动频率、振动相位。为得到此三要素,需要预先在转轴或转盘上设置测量起始标志,作为基准相位,以基准相位为起点,获得不平衡量的振动信号和相位信号。由相位信号和振动信号可以精确计算振动幅值、频率、相位。

1. 相位信号及转速测量传感器

相位信号是与转动等周期的矩形波信号,信号上升沿边沿可作为振动信号的测量起点。然而,普通转子系统一般并不具备与系统转动同周期的信号发生装置,而须另行设计。常见的信号发生装置有光电传感器和霍尔元件。

光电传感器型信号发生装置由红外发射管发出红外光,并通过半透镜反射到被测主轴之上,在主轴的相应位置贴有反光贴纸,当红外光作用于反光贴纸时,可以将其反射回来并通过半透镜射向红外接收管,当红外接收管接收到大于指定强度的红外光时,即会产生相应的电信号变化,并通过相关的电路即可输出相应的信号,转轴每转动一周,光电传感器产生一个波形。在转子系统运转过程中,光电传感型信号发生装置输出与转动等周期的信号。此原理可以避免系统振动对信号的影响,而且传感器价格极其低廉,因此在转速测量、动平衡等领域被广泛采用。但是光电传感器一般体积较大,不适合主轴内置,且易受环境光线和遮挡物的影响。因此,主轴内置平衡头一般采用霍尔元件作为信号发生装置。

霍尔元件是根据霍尔效应制作的一种磁场传感器。霍尔元件广泛地应用于工业自动化技术、检测技术及信息处理等方面。霍尔元件如图 7.5 所示,它的结构牢固,体积小,重量轻,寿命长,安装方便,功耗小,频率高,耐振动,不怕灰尘、油污、水汽及盐雾等的污染或腐蚀;霍尔线性器件的精度高、线性度好;霍尔开关器件无触点、无磨损、输出波形清晰、无抖动、无回跳、位置重复精度高(可达微米级);霍尔元件可实现的工作温度范围宽,可达−55～150℃。

霍尔元件封装外观如图7.5(a)所示,元件内部集成一个霍尔半导体片,使恒定电流通过该片,当元件位于磁场中时,在洛伦兹力的作用下,电子流在通过霍尔半导体时向一侧偏移,使该片在垂直于电流方向上产生电位差,这就是霍尔电压。霍尔电压随磁场强度的变化而变化,磁场越强,电压越高,磁场越弱,电压越低,霍尔电压值很小,通常只有几毫伏,但经集成电路中的放大器放大,就能使该电压放大到足以输出较强的信号。霍尔元件内部原理如图7.5(b)所示,①号引脚为电源线,②号引脚为接地线,③号引脚为经过放大的信号的输出线。

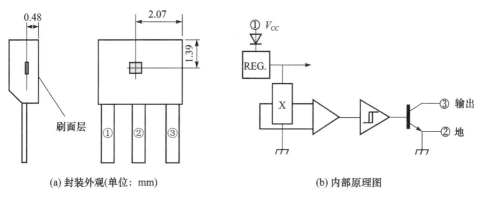

(a) 封装外观(单位: mm)　　　　　　　　　　(b) 内部原理图

图 7.5　霍尔元件

将霍尔元件内置于平衡头中,固定在静止部件上,分别在平衡头机壳和配重盘的相应位置固定磁铁,磁铁跟随主轴旋转,改变霍尔元件检测到的磁感应强度,使霍尔元件的输出电压变化,就能表示出主轴以及配重盘的相位信息。

2. 振动测量传感器

振动信号的测量,利用各类传感器把机器振动时的响应,如位移、速度或加速度等转换为电信号,经过电子线路放大后,送入相应的信号分析处理仪器,利用仪器可以得到振动的三要素:

(1)振幅。用来指示机器振动时的幅度和能量水平;大部分情况下,机器运行的好坏是依据振幅的大小来判断的。

(2)频率。振动物体在单位时间内的振动次数,以进一步研究机器的激振力来源。

(3)相位。振动响应是一个矢量,要精确地表示它,不仅要测量其大小,还要测量其方向。在动平衡过程中,相位用来体现不平衡所在的位置。

在振动研究中有三个重要的物理量,即振动的位移、速度和加速度,三者之间存在简单的换算关系。对一般的时间平均测量而言,可忽略这三个物理量之间的相位关系。当频率确定时,就可以将加速度与正比频率的系数相除而得到速度;将加速度与正比频率平方的系数相除得到位移。在测量仪器中可以通过积分运算来实现这些换算[7]。

振动位移:

$$X(t) = A\sin(\omega t) \tag{7.1}$$

振动速度:

$$\dot{X}(t) = \frac{\mathrm{d}X}{\mathrm{d}t} = A\sin\left(\omega t + \frac{\pi}{2}\right) \tag{7.2}$$

振动加速度:

$$\ddot{X}(t) = \frac{\mathrm{d}^2 X}{\mathrm{d}t^2} = \omega^2 A\sin(\omega t + \pi) \tag{7.3}$$

当振动信号处在不同的频率范围时,其振动强度与加速度、速度和位移响应的关系也不相同。在一般情况下,当信号处于高频范围时,振动的强度与加速度成正比;当信号处于中频范围时,振动的强度与速度成正比;当信号处于低频范围时,振动的强度与位移成正比。因此,针对特定的机械,针对不同的频率范围时,应该选择不同的振幅测量参数,尽可能准确地测量出振动响应的强度。

测振传感器的选择,一般由测点场合、环境温度、环境湿度、磁场、振动频率和幅度范围以及配套仪器的匹配要求等因素决定。常用的测振传感器和配套的放大器有三类:电涡流位移传感器、复合式位移传感器和变送器;电动式速度传感器和放大器;压电式加速度传感器和放大器。电涡流式位移传感装置如图7.6所示。

(a)电涡流式位移传感器探头　　　　　(b)前置器

图7.6　电涡流式位移传感装置

7.2　动平衡系统软件设计

在线动平衡系统软件需要实现参数输入,信号采集、处理以及动平衡过程控制等功能。

7.2.1　软件系统总体结构

内置动平衡系统的最终目的是改变动平衡头转动部件质量分布,以抵消不平衡量,消除转子的不平衡偏心,使得转子旋转过程由不平衡量引起的振动强度降到期望值以下,从而实现转子系统平稳运行。软件设计的最终目标是输出合适的调整信号,以操纵配重盘向特定的位置转动,从而改变转子的质量分布,实现在线动平衡。为实现此目标,需设计各个功能模块软件,将之组合形成软件的整体。

在线动平衡系统如图 7.7 所示,主要包含信号采集与数据处理模块、控制模块、校正模块、基本参数输入模块等。信号采集与数据处理模块包括基准和振动信号的采集、配重盘相位

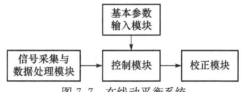

图 7.7　在线动平衡系统

的获取和振动信号的处理;校正模块包括不平衡量拆分及校正质量的移动;基本参数输入模块主要包括影响系数计算和主轴参数输入等;控制模块用来协调各个模块的工作流程,做出一些基本判定,显示运行状态和结果等。

动平衡系统整体流程如图 7.8 所示。程序开始后,首先对振动数据进行判断,是否需要进行动平衡,如果是,那么计算不平衡量与补偿量;然后依据补偿量调整配重盘位置;最后决定是否需要停止运行。

振动信号测试算法流程如图 7.9 所示。首先,对信号进行重采样插值预处理,其目的是避免频谱泄漏以及栅栏效应,保证后续信号处理的精度;接着,对所获得的振动信号进行三次样条曲线拟合,高阶数值逼近拟合可以有效提高幅值提取精度;然后,针对受噪声干扰的振动信号采取时域平均的方法消除高频噪声信号,提高信号的信噪比,该步骤可以确保自动跟踪滤波处理在微弱噪声下进行;通过设计的 FIR 滤波器滤除掉其他异频信号,过滤后只保留了主轴转频附近的信号成分;最后,通过自动跟踪相

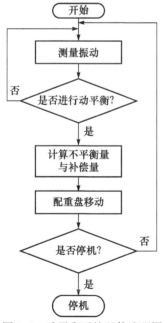

图 7.8　动平衡系统整体流程图

关滤波处理提取基频振动信号的幅值。主轴振动信号幅值和相位测量的关键是获取基频来构造标准正余弦信号,然后根据相关原理提取出含有幅值和相位信息的直流分量,最终通过相关计算得到基频信号幅值和相位。

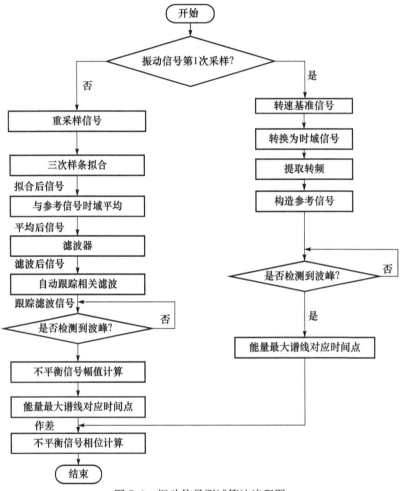

图 7.9　振动信号测试算法流程图

7.2.2　主界面设计

人机交互界面是系统的重要组成部分,包含整个系统的状态和试验结果的显示、参数显示和设定、装置运行的流程等。现在人机交互系统越发依赖于软件设计,这一点在虚拟仪器领域尤为突出,虚拟仪器使用一系列标准硬件,通过软件来设计各类仪器,其人机交互系统依靠软件设计。

内置动平衡系统软件界面如图 7.10 所示,主要包含振动信息的显示、配重相位的显示、不平衡量相位的显示、线圈励磁指示和基本参数输入等部分。

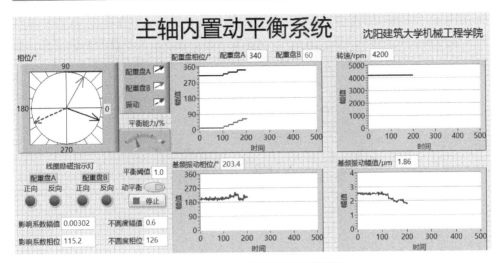

图 7.10　内置动平衡系统软件界面

7.2.3　信号采集

转速、基频信号的幅值和相位是旋转机械振动测量中的重要物理量。为了测量转速和相位,需要在转子上设置一个基准,从而使转轴每旋转一圈就能输出一个基准信号。这个基准信号不仅可以测量转子转速,同时也是测量振动信号相位的基准。同理,可以获取内置电磁滑环式平衡头的 2 个配重盘的相位。

传感器输出的是模拟信号,其不能被只识别数字信号的计算机直接处理。必须将传感器的输出信号进行模数转换,得到相应的数字信号。这一步骤由 NI 数据采集卡完成。所以,软件设计只需包含针对使用的采集卡的信号采集程序。

信号采集系统如图 7.11 所示,共输出 3 路相位信号和 1 路振动信号,信号采集包含 3 部分,共 4 个通道的采集任务。

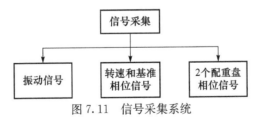

图 7.11　信号采集系统

1. 相位和转速信号采集

基准信号需要通过霍尔元件测得,相位检测原理如图 7.12 所示。将霍尔元件内置于平衡头中,固定在静止部件上,分别在平衡头机壳和配重盘的相应位置固定磁铁,磁铁跟随主轴旋转,当机壳(或配重盘)上的永磁体旋转至与霍尔元件在同一位置时,霍尔元件检测到的磁感应强度发生改变,霍尔元件的输出电压变化,从而获得与转子旋转频率完全同步的矩形波信号,就能表示出主轴以及配重盘的相位信息。相位信号是与转动等周期的矩形波信号,信号上升沿可作为振动信号的测量起点。

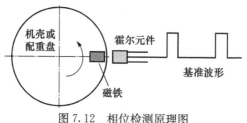

图 7.12　相位检测原理图

2. 振动信号的采集

相位在动平衡过程中具有重要意义,它给出了不平衡矢量的相位,决定了动平衡时配重的移动目标。若不平衡信号的相位测量不准确,则不论采取何种方法,都不能达到良好的平衡效果。在旋转机械振动测量中,相位是指振动高点滞后于基准相位的角度。振动信号相位检测原理如图 7.13 所示,图中的转速信号是转子每转一圈由霍尔元件检测到的矩形波,以转速信号的上升沿为基准,振动信号由振动传感器采集,φ 是振动信号的相位[8]。

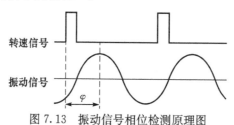

图 7.13　振动信号相位检测原理图

3. 信号采集程序

信号采集程序设计时,考虑同步采集多路信号,包括 3 路霍尔元件信号和 1 路振动传感器信号,采集后将各路原始信号进行分离,进入下一步处理。信号采集程序如图 7.14 所示。

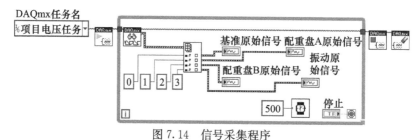

图 7.14　信号采集程序

7.2.4 配重盘相位的获取

首先提取基准信号的频率,作为基频并换算为转速,然后提取 3 路信号的相位,将基准相位与配重盘相位作差,得到两个配重盘的关于基准的相位角。相位检测程序如图 7.15 所示。

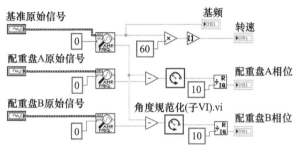

图 7.15　相位检测程序

1. 数据处理

采集到的主轴振动信号是包含多种频率成分的混合信号,而在动平衡过程中所关心的是与转速同频的基频信号,所以需要通过对振动信号进行分析处理提取出基频信号。使用整周期采样和互相关滤波分析,来提取不平衡信号,振动信号分析处理的基本过程如图 7.16 所示。整周期采样能得到理想的信号波形,参照同一基准信号对振动信号进行整周期截取,减少频谱泄漏,互相关滤波能够精确提取振动信号。整周期采样和互相关滤波的应用提高了转子动平衡计算的精度。

图 7.16　振动信号分析处理的基本过程

2. 振动信号的组成

由于转子系统本身具有不对中和基础振动等问题,在实际的动平衡测试中,传感器采集的振动信号是比较复杂的,除了基频成分,还有直流、不同倍频的谐波、一定带宽的随机噪声成分等[9],其中由不平衡引起的振动主要是基频振动。为了便于表示实际的振动信号,设采集的振动信号的一般形式为

$$y(t) = C + N(t) + A_0 \sin(\omega_0 t + \varphi_0) + \sum_{i=1}^{n} A_i \sin(\omega_i t + \varphi_i) \qquad (7.4)$$

式中,C 为信号的直流成分;$N(t)$ 为随机噪声;$A_0\sin(\omega_0 t + \varphi_0)$ 为测试所关心的基频信号;$\sum_{i=1}^{n} A_i\sin(\omega_i t + \varphi_i)$ 为各次谐波信号的叠加;A_0 为基频信号的幅值,mm;A_i 为谐波信号的幅值,mm;φ_0 为基频信号的相位,rad;φ_i 为谐波信号的相位,rad;ω_0 为基频信号对应的角频率,rad/s;ω_i 为其他倍频对应的角速度,rad/s。

动平衡的关键是要准确提取基频信号 $A_0\sin(\omega_0 t + \varphi_0)$ 的幅值 A_0 和相位 φ_0。通过对主轴振动信号的组成和频谱分析,可得出其不平衡信号的特征:时域波形是简谐波信号,频谱图中有多条谱线,且幅值最大处对应的频率就是基频。

3. 振动信号的整周期采样

在转子动平衡测试中,需要对振动信号进行整周期采样,保证每次采集的信号基准相同,同时可以避免由于时域截断造成的频谱泄漏和栅栏效应[10,11]。传统的方法是通过硬件电路锁相倍频法来控制信号的触发,从而实现信号的整周期采样[12,13],该方法能自动实现各个通道间信号的实时同步采样,同步性能好,但是需要配置专门的硬件。

使用软件算法来实现整周期采样。首先同时采集基准信号和振动信号,然后对采集的振动信号进行整周期截取,从而达成整周期采样的效果。该方法利用现有的数据采集卡就能实现整周期采样,通用性较好。

采样时需要设置合理的采样参数。采样点数 N 要满足 $N = 2^n$;采样频率 f_s 在满足采样定理和硬件限制的条件下,可以设置尽量大些,这样可以更精确地拾取基准信号的波形。采样时间要大于信号的周期,以保证基准信号完整。参数设置好后,开始同步采集基准信号和振动信号,然后处理振动信号。以基准信号相邻的两个上升沿为标志,对振动信号进行整周期截取,截取到的振动信号保留了一个整周期的信息,而且每次截取得到的信号都是以转子的同一相位为基准的。振动信号整周期截取原理如图 7.17 所示。

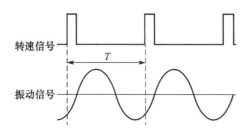

图 7.17　振动信号整周期截取原理图

以基准信号数组的第一个上升沿作为振动信号截取的起始位置,然后根据采样率和采样点数来确定振动信号截取的周期个数,对振动信号进行整周期截取,同

时输出截取的整周期数量用于后续计算。整周期截取算法主要程序如图 7.18
所示。

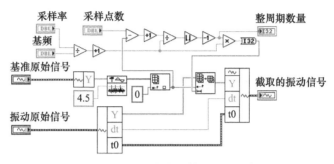

图 7.18　整周期截取算法主要程序

4. 相关滤波法提取基频信号

从混合信号中提取基频的振动信号,有模拟和数字带通跟踪滤波法[14,15]、积分
型数字滤波法[16]、零相移数字滤波法[17]等方法。模拟和数字带通跟踪滤波法、积
分型数字滤波法在滤波过程中,会使输出的信号产生相位误差,从而影响后续的
动平衡计算精度。零相移数字滤波法虽然实现了零相移,但在幅值上存在一定
的误差。

采用相关滤波分析来提取不平衡信号,它对信号中的直流分量和噪声等干扰
具有很强的抑制能力,能精确提取不平衡信号。相关滤波可以从包含有用信号、直
流偏置、谐波频率成分、随机噪声等复杂的待测信号中提取出某一特定频率的信
号,相关滤波原理如图 7.19 所示。

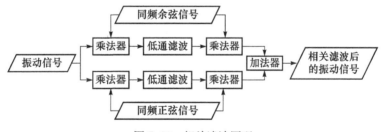

图 7.19　相关滤波原理

对振动信号整周期截取后,使用相关滤波提取基频信号[18,19]。首先根据基准
信号的基频,使用信号发生器函数产生频率为基频、相位相差 90°的正弦信号和余
弦信号,然后与振动信号进行相关处理,最后滤波提取基频信号。相关滤波算法程
序如图 7.20 所示。

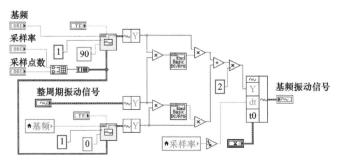

图 7.20　相关滤波算法程序

5. 基频信号幅值和相位的提取方法

通过整周期采样和相关滤波提取出不平衡振动信号后,精确计算不平衡信号的幅值、相位。获取幅值和相位信息,通常有三种方法:FFT 法、互相关法、DFT 法[20]。FFT 法的抗干扰能力差,并且由于时域截断的影响,会出现能量泄漏、幅值变小、精度降低等现象,加窗后幅值精度有所提高但程度有限;互相关法提取的相位会受到模数转换精度的影响,转速波动引起的基频变化也会导致相位提取精度的降低。

采用整周期截取的 DFT 法,首先根据转速信号和旋转周期对采集的转子振动信号进行整周期截取,然后对截取的多个整周期信号进行 DFT 计算,从而求出基频成分的幅值和相位,最后对多个周期的值进行比较,从而得到更为精确的基频振动的幅值和相位。

对连续信号进行整周期截断,能有效解决 DFT 处理时的频谱泄漏和栅栏效应问题;不必计算 N 点 DFT,只计算所关心的第 k 条谱线,节约了大量的计算时间;对于理想白噪声,经 N 点 DFT 计算后,高频干扰基本上得到了抑制。

DFT 的基本原理如下[21]。

单周期离散振动信号有限序列 $\{x_n\}(n=0,1,\cdots,N-1)$,其 DFT 为

$$X_k = \sum_{n=0}^{N-1} x_n W^{nk}, \quad k=0,1,\cdots,N-1 \tag{7.5}$$

若旋转因子 W^n 为

$$W^n = \mathrm{e}^{\frac{-\mathrm{j}\cdot 2\pi n}{N}} \tag{7.6}$$

则所求频谱 X_1 为

$$X_k = \sum_{n=0}^{N-1} x_n W^{nk} = \sum_{n=0}^{N-1} x_n \cos\frac{2\pi n}{N} - \mathrm{j}\sum_{n=0}^{N-1} x_n \sin\frac{2\pi n}{N} \tag{7.7}$$

W^n 具有对称性,因此 $W^n = -W^{N/2+n}$,则 X_1 可变形为

$$X_1 = \sum_{n=0}^{N/2-1} (x_n - x_{n+N/2}) W^n \tag{7.8}$$

记 $X_1 = R + jB$,则对应的实部和虚部为

$$R = \sum_{n=0}^{N/2-1} (x_n - x_{n+N/2}) \cos \frac{2\pi n}{N} \qquad (7.9)$$

$$B = \sum_{n=0}^{N/2-1} (x_n - x_{n+N/2}) \sin \frac{2\pi n}{N} \qquad (7.10)$$

则信号幅值 A 为

$$A = \frac{2}{N} \sqrt{R^2 + B^2} \qquad (7.11)$$

对应的相位为

$$\varphi = \arctan \frac{B}{R} \qquad (7.12)$$

　　提取基频信号后,提取幅值、相位,然后对最近的若干信号进行平均,以增加结果的稳定性和准确性,其均值作为最终的输出结果,试验表明取 5 次平均值即可。

　　DFT 幅值、相位提取程序如图 7.21 所示。

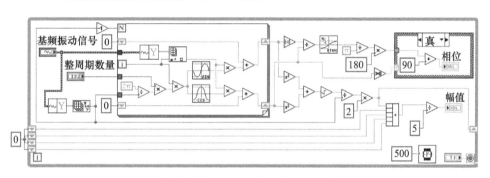

图 7.21　DFT 幅值、相位提取程序

7.2.5　不平衡量与影响系数计算

　　整周期截断方法所提取的是单个周期的振动位移信号的幅值和相位,容易受干扰而降低精度。为了提高动平衡的精度和稳定性,采用对多个周期的振动信号进行求均值的方法来获得幅值和相位,可有效提高检测精度和稳定性。使用单面平衡影响系数法进行动平衡运算,影响系数计算过程如图 7.22 所示[22]。

图 7.22　影响系数计算过程[22]

　　(1) 主轴不加试重,起动主轴至待平衡转速,测得校正平面位置的原始振动的幅值和相位 $\boldsymbol{A}_0$。

　　(2) 停机加试重 $\boldsymbol{P}$ 至转子校正平面上。

(3) 重新起动至相同的转速,测量加试重后的振动的幅值和相位 $\boldsymbol{A}_1$。

(4) 计算影响系数 $\boldsymbol{K}=(\boldsymbol{A}_1-\boldsymbol{A}_0)/\boldsymbol{P}$。

(5) 得到原始不平衡量 $\boldsymbol{U}=-\boldsymbol{A}_0/\boldsymbol{K}$。

(6) 补偿量与不平衡量大小相等、方向相反,$\boldsymbol{Q}=-\boldsymbol{U}$。

不平衡量与影响系数计算程序如图 7.23 所示,给定原始振动、试重和试重后振动情况,可以计算出相应的影响系数及补偿量。

试重后相位
试重后振幅
180
补偿量
补偿量相位
初始相位
初始振幅
180
180
试重相位
试重质量
180
影响系数幅值
加试重半径
180
真
360
360
真
360
影响系数相位

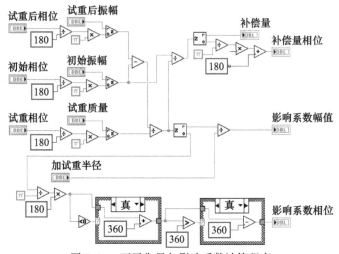

图 7.23 不平衡量与影响系数计算程序

不平衡量与影响系数计算程序前面板如图 7.24 所示,包含初始振动信息的输入、试重信息的输入、试重后振动信息的输入和结果的显示。

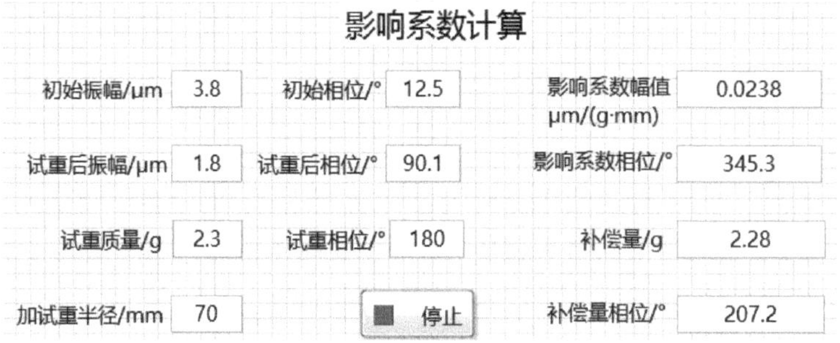

影响系数计算
初始振幅/μm 3.8
初始相位/° 12.5
影响系数幅值 μm/(g·mm) 0.0238
试重后振幅/μm 1.8
试重后相位/° 90.1
影响系数相位/° 345.3
试重质量/g 2.3
试重相位/° 180
补偿量/g 2.28
加试重半径/mm 70
停止
补偿量相位/° 207.2

图 7.24 不平衡量与影响系数计算程序前面板

7.2.6 校正质量移动

根据不平衡量的计算结果,将补偿质量拆分为两个矢量,然后按照矢量结果,将配重盘从原始位置移动到指定位置。主轴旋转方向为顺时针方向,规定角度差正值为逆时针方向。

校正质量移动流程如图 7.25 所示。程序开始后首先对补偿量进行矢量拆分,然后计算配重盘移动路径,接着驱动励磁线圈,使配重盘产生步进,直到到达目标位置。

计算配重盘所需移动角度补偿量分配程序如图 7.26 所示。输入补偿量信息,根据平衡头配重盘的平衡能力大小,依据余弦定理,将其拆分为两个矢量,然后分别分配给两个配重盘,计算出每个配重盘需要移动的角度。图中子 VI 含有计算两个角度的差值和将角度值平移至 0~360° 范围的功能。

已知配重盘在周向上的位置不是任意的,其步进分度为 10°,即配重盘旋转一整周需要 36 步,其间共有 36 个位置(编号为 0~35)可以停留,这也决定了平衡头的平衡精度。再根据配重盘需要移动的角度,可以确定其移动的步数。

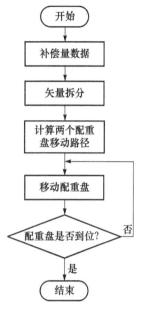

图 7.25　校正质量移动流程图

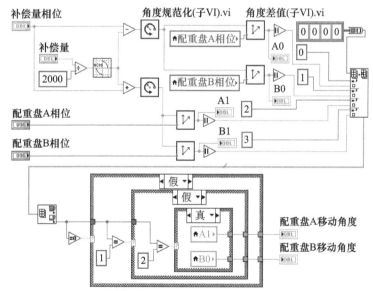

图 7.26　计算配重盘所需移动角度补偿量分配程序

基于电磁滑环式平衡头的动作原理,配重盘上沿圆周分布的磁铁的磁极方向是交错排列的,因此配重的移动需要考虑方向和位置的问题。若配重盘处于偶数位置,则当需要正向移动时,给予正向激励电流;当反向移动时,给予反向激励负电流;若配重位于奇数位置,则当需要正向移动时,给予反向激励电流,当需要反向移动时,给予正向激励负电流。

配重盘移动流程如图 7.27 所示,配重盘移动程序如图 7.28 所示。

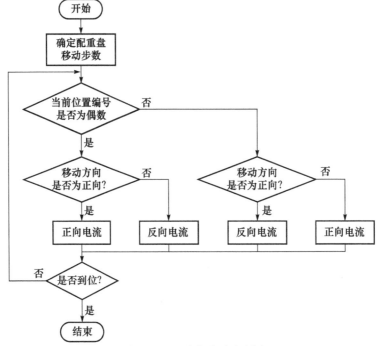

图 7.27　配重盘移动流程图

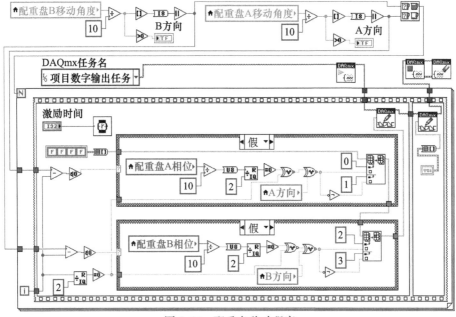

图 7.28　配重盘移动程序

7.3 动平衡系统特性分析

7.3.1 转速对动平衡系统平衡效果的影响

机床主轴在低速运转时,主轴可以看成刚性系统,进行动平衡后,其效果比较稳定。但在高速下,主轴系统可能会进入柔性状态,这时按照刚性轴的动平衡方法,在某个速度进行动平衡后,其效果在其他转速不一定良好。对于车床主轴,出于模态分析和振动测量的结果,虽然主轴本身在正常工作时不会产生共振,但整个试验平台的振动受转速影响较大,动平衡的效果可能会受转速改变的影响。

试验方法为:主轴在某一转速下进行动平衡后,改变主轴转速,考察本次平衡效果的稳定性。

试验具体过程为:首先测量主轴在 3300r/min、3600r/min、3900r/min 和 4200r/min 转速下未进行动平衡时的振动量;然后在 3600r/min 下对主轴进行动平衡并测量其振动量,将转速分别调整为 3300r/min、3900r/min 和 4200r/min,测量动平衡后的振动;类似地,在转速为 3900r/min 时对主轴进行动平衡并测量其振动量,将转速分别为 3300r/min、3600r/min 和 4200r/min,测量其动平衡后的振动量;转速为 4200r/min 时对主轴进行动平衡并测量其振动量,调整转速为 3300r/min、3600r/min 和 3900r/min,测量其动平衡后的振动量。

对试验结果进行整理,以测点为横轴,幅值为纵轴,绘制主轴在不同转速下动平衡后的稳定性,主轴转速对动平衡的稳定性影响如图 7.29 所示。可以看出,主轴在未平衡时,各转速下振动都较大。在 3600r/min 动平衡后,降速至 3300r/min 振动幅值基本不变,升速到 3900r/min 和 4200r/min,振幅提高;在 3900r/min 动平衡后,降速或升速,振幅都有不同程度的提高;同样,在 4200r/min 动平衡后再降速,振幅也有不同程度的提高。此外,可以发现,系统在 3300r/min 和 3600r/min 的变化规律相似,在 3900r/min 和 4200r/min 的变化规律相似。

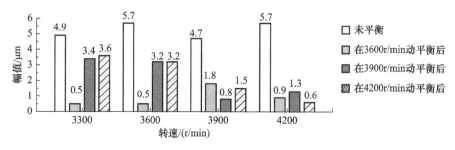

图 7.29　主轴转速对动平衡的稳定性影响

7.3.2 试重角度对影响系数及平衡效果的影响

除了转速,动平衡所采用的理论方法对动平衡效果也有直接影响。影响系数法中,试重的试加位置和大小对动平衡起着重要的影响,若试重过小,则对振动情况没有明显影响;若试重过大,则又可能会极大地增加振动,造成设备的损坏,试加位置的选择也具有同样的道理。目前对于加试重,没有精确的计算值,只有一些经验公式,本系统拟用振动幅值和相位变化较大时的影响系数[23,24]。

试验在主轴端面不同角度试加相同质量(8.1g)的配重,测量试重前后的振动情况,得到对应于试验角度的若干组幅值差值和相位差值,计算得到在不同角度添加试重的影响系数。统计加试重的角度、试重前后振动的幅值差及相位差,以及相应的影响系数的幅值,其中各个量是一一对应的,在不同角度加试重的结果如表 7.1 所示。

表 7.1　在不同角度加试重的结果

加试重角度/(°)	幅值差值/μm	相位差值/(°)	影响系数幅值/[μm/(g·mm)]
15	0.12	64.87	0.00757
45	1.36	−38.61	0.00382
75	1.76	−30.45	0.00374
105	1.95	−25.24	0.00374
135	1.74	−18.65	0.00313
165	1.29	−9.43	0.00234
195	0.68	0	0.00196
225	−0.34	−3.14	0.0012
255	−0.98	0.62	0.00213
315	−1.43	−38.16	0.00313
345	−0.78	−17.85	0.00142

试重前后幅值差值和相位差值与试重角度及影响系数幅值的关系如图 7.30 所示,图中幅值差值符号"□"和相位差值符号"○"的大小代表影响系数幅值。可以看出,幅值差值与试重角度的关系呈"正弦曲线",相位差值与试重角度的关系呈线性,但有波动。而影响系数幅值与试重角度关系不大,与幅值差值和相位差值有关,幅值和相位变化越大,影响系数越大。但是在 15°处,幅值差值很小,影响系数很大,可能由幅值差值过小引起。

平衡前后角度对动平衡效果影响如图 7.31 所示。图 7.31 选取了两个幅值和相位变化都较大的点,即 75°和 315°,以及两个幅值或相位变化较小的点,即 15°和 195°,进行动平衡试验,在不同角度加试重后的动平衡效果如表 7.2 所示。可以看出,在 4 个不同的角度添加试重,都降低了振动幅值,但是效果有好有坏,试重加在 15°、75°和 195°时,动平衡效果不好,在 315°动平衡效果较好。这是由于在 75°时振动量过大,无法将振动降到理想程度,但幅值下降的程度仍然优于 15°和 195°时。

因此,试验结果符合预期,即振动幅值和相位变化都较大时,影响系数较可靠,且幅值较大。

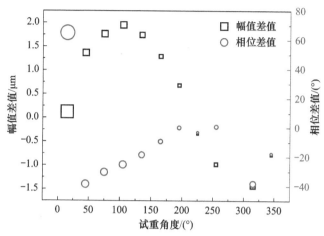

图 7.30　幅值差值和相位差值与试重角度及影响系数幅值(图标大小)的关系

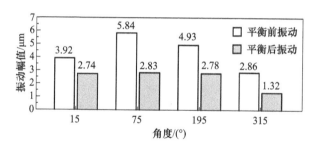

图 7.31　平衡前后角度对动平衡效果影响

表 7.2　在不同角度加试重后的动平衡效果

角度/(°)	平衡前振动幅值/μm	平衡后振动幅值/μm	下降比例/%
15	3.92	2.74	30.1
75	5.84	2.83	51.5
195	4.93	2.78	43.6
315	2.86	1.32	53.8

参 考 文 献

[1]　章云,梅雪松.高速主轴动平衡及其在线控制技术.中国工程科学,2013,15(1):87-92.

[2]　吴玉厚,张珂,邓华波,等.一种电主轴负载测试系统和方法:中国.zl201510398758.2017.

[3]　吴玉厚,张珂,邓华波,等.一种主轴内置机械式在线动平衡系统的调整方法:中国.CN104990670A.2015.

[4]　吴玉厚,张珂,邓华波,等. 一种主轴内置机械式在线动平衡系统:中国. CN105021352A. 2015.

[5]　Stephen H,Lane M. Rotating machine active balancer and method of dynamically balancing a rotating machine shaft with torsional vibrations:US. 20060005623A1. 2006.

[6]　王佐民. 噪声与振动测量. 北京:科学出版社,2009.

[7]　白志刚,唐贵基. 一种转子动不平衡信号幅相特征的提取方法. 电力科学与工程,2012, 10(3):69-90.

[8]　杨建刚,谢东建,高璕. 基于多传感器数据融合的动平衡方法研究. 动力工程,2003,23(2): 2275-2278.

[9]　吕远,朱俊,唐斌. 基于 DPI 的非线性调频信号参数估计. 电子测量与仪器学报,2009, 23(6):63-67.

[10]　温和,滕召胜,王永,等. 频谱泄漏抑制与改进介损角测量算法研究. 仪器仪表学报,2011, 32(9):2087-2094.

[11]　朱利锟,毛乐山,汤敏. 利用单片机实现整周期采样的方法. 仪表技术,2000,(2):34-35.

[12]　龙海军,孙灿飞,莫固良. 直升机振动检测通用算法的研究与实现. 振动测试与诊断, 2016,(3):524-528.

[13]　张邦成,杨晓红,吴狄,等. 汽车制动鼓不平衡量的检测. 计算机测量与控制,2005,(1):27-29.

[14]　陶利民,李岳,温熙森. 基于开关电容技术的信号跟踪滤波方法及其在转子动平衡中的应用. 中国机械工程,2007,8(2):427-430.

[15]　Wu S B,Lu Q H. Integral digital tracking filtering method and its application in rotor balancing. Engineering Mechanics,2003,(2):76-79.

[16]　纪跃波,秦树人,汤宝平. 零相位数字滤波器. 重庆大学学报,2000,6(11):4-7.

[17]　郭俊华,伍星,柳小琴,等. 转子动平衡中振动信号幅值相位的提取方法研究. 机械与电子,2011,(10):6-10.

[18]　吴玉厚,田峰,邵萌,等. 基于 LabVIEW 的模拟参数识别模块的研究. 控制工程,2013, 20(1):69-71,75.

[19]　吴玉厚,田峰,邵萌,等. 基于 LabVIEW 的全陶瓷电主轴振动信号预处理模块的研究. 沈阳建筑大学学报,2011,27(6):1177-1182.

[20]　蔡宇,郝程鹏,侯朝焕. 线性相位非均匀带宽 DFT 调制滤波器组设计. 仪器仪表学报, 2013,(10):2293-2299.

[21]　Bracewell R N. 傅里叶变换及其应用. 3 版. 殷勤业,张建国,译. 西安:西安交通大学出版社,2005.

[22]　潘鑫,朱群雄,吴海琦,等. 精准靶向法在机床主轴动平衡中的应用. 机床与液压,2018, 46(7):1-4.

[23]　张珂,张驰宇,张丽秀,等. 电磁滑环式在线动平衡系统特性分析与实验. 振动、测试与诊断,2018,38(1):34-38,203.

[24]　王展,朱峰龙,涂伟. 互相关法对电主轴振动信号提取的研究. 组合机床与自动化加工技术,2018,(2):87-89,93.

第8章　智能化电主轴在数控机床上的应用

随着新一代信息技术的爆发式增长,数字化、网络化、智能化技术在制造业广泛应用。新一代智能制造作为新一轮工业革命的核心技术之一,正在引发制造业在发展理念、制造模式等方面重大而深刻的变革[1~8]。新一代智能制造是一个大系统,主要由智能产品、智能生产及智能服务三大功能系统以及工业智联网和智能制造云两大支撑系统集合而成[9~14],如图8.1所示。

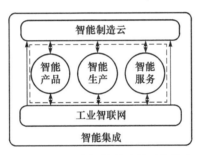

图 8.1　新一代智能制造的系统集成

8.1　智能化数控机床关键技术

智能化数控机床属于智能产品,也是智能制造系统的重要组成部分[15~18]。智能机床具有六大特色:①有自动抑制振动的功能;②能自动测量和自动补偿,减少高速主轴、立柱、床身热变形的影响;③有自动防止刀具和工件碰撞的功能;④有自动补充润滑油和抑制噪声的功能;⑤数控系统具有特殊的人机对话功能,在编程时能在监测画面上显示出刀具轨迹等,进一步提高了切削效率;⑥机床故障能进行远距离诊断。从此机床智能化成为各个机床企业追求的目标,也成为机床产品的发展方向。

数控机床的智能化包含防碰撞技术、温度的监控与补偿、刀具状态监测技术、加工参数的智能优化、交流伺服驱动智能化、智能故障诊断与自修复技术、智能故障回放和故障仿真技术以及智能化远程诊断功能等。

(1)操作过程中的智能化防碰撞。数控机床的防碰撞系统主要用于机床执行加工程序(包括自动控制程序或手动操作程序)之前,数控系统先行自动检查刀具和工件、夹具、机床单元之间是否干涉,在碰撞之前自动安全地停止机床的动作,实现防碰撞。

（2）温度的监控与补偿。在精密加工中，由机床热变形引起的制造误差占总制造误差的 40%～70%。热变形的控制措施主要有减少机床内部热源、改善散热和隔热条件、合理设计机床结构布局、采用恒温控制环境、热变形补偿等。通过温度补偿功能对各种热源的作用致使机床、刀具、工件等产生的位移误差进行实时补偿。

（3）刀具状态监测技术。在刀具进入剧烈磨损阶段及时检出，及时更换刀具，以免影响被加工工件的尺寸及表面粗糙度。

（4）加工参数的智能优化。将零件加工的一般规律、特殊工艺经验，用现代智能方法，构造基于专家系统或基于模型的加工参数的智能优化与选择器，获得优化的加工参数，提高编程效率和加工工艺水平，缩短生产准备时间，使加工系统始终处于较合理和较经济的工作状态。

（5）交流伺服驱动智能化。为能自动识别负载，并自动调整参数的智能化伺服系统，包括智能主轴交流驱动装置和智能化进给伺服装置。这种驱动装置能自动识别电机及负载的转动惯量，并自动对控制系统参数进行优化和调整，使驱动系统获得最佳运行。

（6）智能故障诊断与自修复技术。智能故障诊断技术是根据已有的故障信息，应用现代智能方法，实现故障快速准确定位。智能故障自修复技术是根据诊断故障原因和部位，以自动排除故障或指导故障的排除技术。智能故障诊断技术在有些数控系统中已有应用。

（7）智能故障回放和故障仿真技术。能够完整记录系统的各种信息，对数控机床发生的各种错误和事故进行回放和仿真，用以确定引起错误的原因，找出解决问题的办法，积累生产经验。

（8）智能化远程诊断功能。在数控系统上提供远程诊断模块，用户可以进入远程诊断模块向远端服务器主机发起诊断服务请求，远端服务器收到请求之后可以和该数控系统建立授信连接，远端服务器可以显示当前系统状态，修改机床参数，访问输入输出状态、用户程序、系统日志等系统信息，帮助本地用户进行故障诊断。

8.2　智能化电主轴系统

传统电主轴单元属于人-物理系统，其驱动系统、润滑系统、冷却系统的控制均是通过人对系统的操作完成的。通过人的感知判断系统的运行状态并控制系统供电频率、冷却水温度及润滑油的流量等。

以智能化电主轴为功能部件的数控装备在执行生产任务过程中呈现高质、柔性、高效、绿色等特征。为保证机床工作精度，智能化电主轴应该具备的最本质的特征是其信息系统增加了认知和学习功能，信息系统不仅具有强大的感知、计算分析与控制能力,更具有学习提升、产生知识的能力,呈现高度智能化、宜人化。智能化电主轴系统如图 8.2 所示。

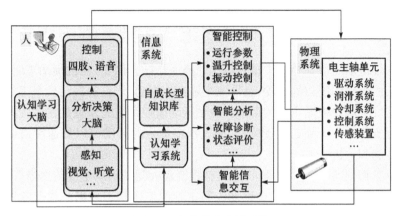

图 8.2　智能化电主轴系统

电主轴性能指标包括速度、功率和扭矩、刚度、径向和端面跳动、振动、温升。影响电主轴性能的关键技术有驱动技术、刀具接口技术、轴承技术、动平衡技术、润滑与冷却技术及智能化技术等。其中,主轴的智能化是"聪明"机床的基础,使主轴能够随时感知工况并且自主加以调节是新一代主轴的重要特征,包含对其工作状态进行监控、预警、可视化和补偿等。电主轴智能化控制策略如图 8.3 所示。

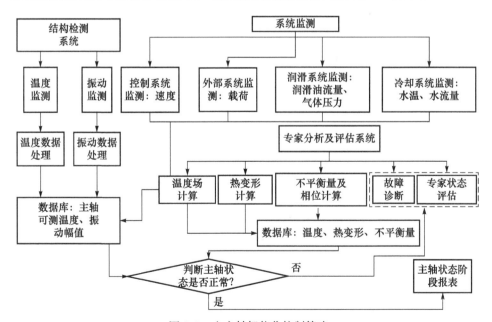

图 8.3　电主轴智能化控制策略

主轴轴向位移的补偿是主轴系统智能化的特征之一。通常采用的补偿方案是在主轴的壳体端面位置安装轴向位移传感器,检测出由温升引起的热变形位移和由机械力造成的动态轴向位移,两者的总和经过数据处理后,输入数控系统,使机床工作台增加或减少相应的位移,从而实现相应的补偿,以提高机床的工作精度。

电主轴振动的监控是电主轴智能化的另一特征。例如,在铣削加工时,切削截面的变化而导致切削力的波动,会导致主轴产生振动,严重的振动会令工件加工表面的光洁度下降和缩短主轴的寿命。主轴振动监控系统的原理是在主轴壳体中前轴承附近安装了一个加速度传感器,使过程中产生的振动可以加速度值变化的形式进行监测和分析。

除了主轴轴向位移和振动,许多主轴系统还会配备轴承温度传感器、刀具夹头位置传感器等其他传感器件,全面地收集主轴的工作状态数据。装上各种传感器的电主轴能产生海量数据。

8.3　深度学习与电主轴智能化

近年来,深度学习在很多传统的识别任务上取得了识别率的显著提升,显示了其处理复杂识别任务的能力。深度学习在控制领域的研究已初现端倪,目前的研究主要集中在控制目标识别、状态特征提取、系统参数辨识、控制策略计算等方面。尤其是深度学习和强化学习的结合已经产生了令人振奋的研究成果。深度学习在控制领域各环节中的应用如图 8.4 所示[19]。

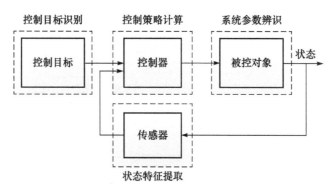

图 8.4　深度学习在控制领域各环节中的应用[19]

在电主轴控制领域,准确的电机参数对提高电主轴控制系统的控制质量至关重要。无论是直接转矩控制还是矢量控制,电主轴电机参数辨识不可避免。根据第 2 章电主轴矢量控制理论,电主轴定子电阻、定子电感、转子电阻、转子电感及互感均需要辨识。而电主轴是复杂的非线性动态系统,其电机参数具有动态非线性特征。神经网络具有拟合复杂非线性函数的能力,可以用于系统辨识。但浅层神经网络在训练中容易受局部最优等问题的影响,有时并不能准确描述动态系统。因此,本书第 5 章中提出了神经网络+CBR 的辨识模式。随着深度学习在控制系统中的应用,基于深度学习的电机参数辨识给解决这一问题带来了新的启发。已经有部分研究专注于利用深度学习的方法进行系统辨识。由于系统模型由深度神经网络代替,系统辨识任务就转变成深度神经网络的参数优化。

8.3.1　深度学习在轴承故障诊断中的应用

深度信念网络(deep belief network,DBN)实质上是由多个受限玻尔兹曼机(restricted Boltzmann machine,RBM)网络和一层有监督的 BP 神经网络堆叠而成的多层感知器神经网络,低层表示原始数据细节,高层表示数据属性类别或特征,从低层到高层逐层抽象,具有逐步挖掘数据深层特征的特点。DBN 的训练过程包括预训练和微调两个阶段。预训练阶段 DBN 采用逐层训练的方式对各层 RBM 进行训练,低一层 RBM 隐含层的输出作为高一层 RBM 可见层的输入。微调阶段采用有监督学习方式对最后一层的 BP 神经网络进行训练,并将实际输出与标准标注信息所得的误差逐层向后传播,实现对整个 DBN 权值和偏置的微调。

结合滚动轴承振动信号的特点与深度学习的优势,实现 DBN 中无监督学习和有监督学习的有机结合,同时完成变负载下各状态深层特征挖掘和滚动轴承多状态的识别是未来解决轴承故障诊断的方法。具体步骤为:

(1)获取某种负载情况下滚动轴承振动信号,将其作为训练数据集,并进行集合经验模态分解(empirical mode decomposition,EEMD)得到若干本征模函数(intrinsic mode function,IMF),以时间少且准确率高的原则进行试验,选取故障敏感的前 t 个 IMF。

(2)将相同状态振动信号的各 IMF 进行 Hilbert 变换并求取包络谱,按顺序构建具有 t 个包络谱的高维样本特征,作为 DBN 的输入。

(3)设定 DBN 中隐含层数 N 和学习率,并通过遗传算法寻优确定各隐含层节点数 $m_1,m_2,\cdots,m_N$,以无监督学习的方式逐层训练各个 RBM,直到完成所有 RBM 的训练。

(4)利用 BP 神经网络的误差反向传播原则进行权值和偏置的微调,构建变负载下滚动轴承多状态识别模型。

(5)将与训练数据不同负载下的滚动轴承振动信号作为测试数据,按照与训练数据相同的 EEMD-Hilbert 包络谱方法进行数据处理,结合(4)所得到的故障状态识别模型,实现不同负载下滚动轴承的多状态识别。

8.3.2 深度学习在电主轴故障诊断中的应用

高速电主轴是机-电-热-磁耦合复杂系统,电动机和机械器件之间通常受到电磁辐射和干扰,设备运行温度、环境湿度和机械应力等环境条件变化的影响,常发生内外圈点蚀、不均匀磨损、密封系统失效、润滑油中混入杂质等产生的故障往往具有持续时间短、可反复出现、未经处理可自行消失的特点,该类故障是一种不同于永久故障和瞬态故障的特殊故障,称为间歇故障。由于间歇故障的特殊性和复杂性,传统的针对永久故障和瞬时故障的诊断方法无法直接应用于具有间歇故障特性的高速电主轴的监测或故障诊断中。

高速电主轴各耦合场之间,各间歇故障之间的时序动态特性也是很普遍的,例如,转轴横向裂纹较深的高速电主轴转子系统会由于振动量过大产生转静子碰摩,基础松动主轴也会由于振动量过大而导致碰摩故障的发生等。另外,电主轴温升过高会导致主轴热变形,而热变形则可以引起主轴系统振动,包括振动引起的碰摩、不对中、不平衡、不对称支撑、裂纹、松动等。同时,系统振动又影响主轴系统的最佳预紧力,从而导致温升、振动以及预紧力系统之间互相耦合,进一步影响产品的加工精度,使得主轴系统的故障时序动态特性普遍存在。

利用深度学习强大的故障特征提取与表征、参数及状态识别能力,首先从大量数据中自动提取特征,然后对三态状态(正常状态、永久故障状态和间歇故障状态)进行识别,最后实现机理模型参数辨识、模型更新和动态补偿,从而实现高速电主轴间歇故障的混合模型建模和智能诊断。该混合模型不仅可以联系故障发生前后的信息,处理非平稳、重复再现性差的信号,而且可以揭示信号特征与三态状态之间复杂的映射关系,识别出三态状态和间歇故障的类型,发现故障早期发展的迹象。

三态状态识别方法可总结为:首先获取电主轴的振动信号频谱和温升信号,并将频谱和温升信号作为训练样本,采用深度学习对训练样本进行无监督学习,对深度神经网络(deep neural network,DNN)进行逐层预训练,帮助 DNN 有效挖掘训练样本的间歇故障特征;然后以监督学习方式对 DNN 进行微调,添加具有分类功能的输出层,根据样本的三态状态类型和已经建立的对应故障机理模型,微调DNN 参数,可实现基于深度学习的间歇故障特征自适应提取和三态状态的类型识别。

卷积神经网络(convolutional neural network,CNN)是一个多层的神经网络,它的基本结构包括输入层、卷积层、子采样层、全连接层、输出层(分类器)。CNN具有两大主要特征:稀疏连接、权值共享。在每一次迭代过程中,按照一定比例随机让一部分隐含层节点失效,使得失效部分的隐含层节点不参加正向传播的训练过程,在每次训练过程中,都会将失效的隐含层神经元的权值保留下来,但不会在当前迭代中更新,每次迭代训练重复上述操作,并在最终诊断时,要求所有的隐含层神经元都参与进行计算,如同将多个不同结构的网络结合在一起,即 dropout 过程。在 CNN 程序中的训练过程加入 dropout,防止模型出现过拟合现象,并提高模型准确率,即形成 CNND 模型。

　　CNND 的故障仿真图如图 8.5 所示[20]。可以看出,利用 CNND 方法提取特征的主成分散点图,电主轴同一种故障可以很好地聚集在一起,从而将不同种故障有效地区分开,只有少量的轴承不对中、轴承外圈中度以及轴承系统不平衡故障散点聚集在一起,并且获得较高的诊断准确率。

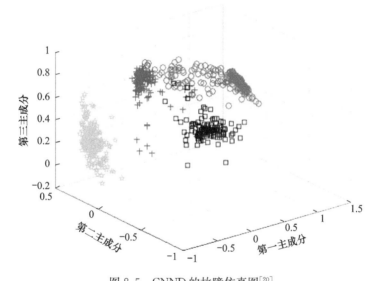

图 8.5　CNND 的故障仿真图[20]

☆. 正常;＋. 轴承不对中;○. 轴承系统不平衡;□. 轴承外圈中度

8.3.3　深度学习在电主轴状态评价中的应用

　　电主轴的动态性能受多种因素影响,综合考虑运行工况和相关的加工工艺的限定条件,从电主轴的常见故障中分析获取主要影响电主轴运行状态劣化的相关指标,并划分层次来构建电主轴系统的评价指标体系。与故障诊断不同,状态评价的工作不只是要区分电主轴运行的正常状态和故障状态,还要在主轴正常运行的前提下,划分状态的优良等级,尽可能使其工作在最优状态。由此要求综合考虑各种相关指标因素,在故障未到来之前实现电主轴系统的微调达到长期高效工作的目的。电主轴运行状态评价系统如图 8.6 所示[21]。

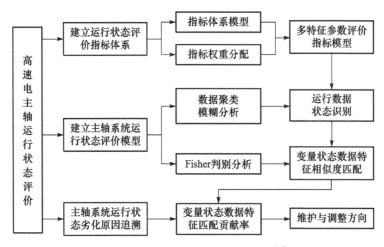

图 8.6　电主轴运行状态评价系统[21]

影响电主轴运行状态的几个主要监测指标有振动、温升和效率这几个可测指标,其他指标与这三个指标间都有相互联系,例如,冷却水的温度和水流量等的大小对电主轴的温升有影响,同时润滑油的润滑作用以及空压机的供气都会带走电主轴内部的一部分热量,从而与温升有相互联系,而且它们作用量小但又不至于小到可以忽略,所以此时可以用温升来表征电主轴内部复杂的变化,然后深层次的指标用于后期的状态劣化追溯,同理其他指标也是一样。基于此建立电主轴评价指标体系如图 8.7 所示。

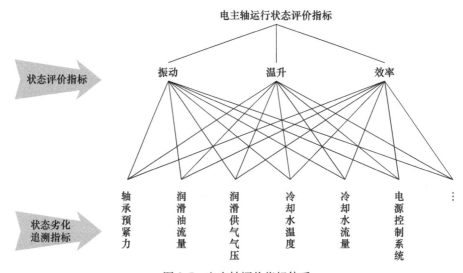

图 8.7　电主轴评价指标体系

　　电主轴系统运行状态评价分析的基本过程如图 8.8 所示,电主轴系统运行状态评价的前提是要有状态等级数据模型,所以需要先进行离线数据的状态数据识别和分类工作来确定分类的规则,再由状态等级数据携带的数据特征信息进行状态评价的规则确定,状态评价规则确定后,对在线采集的样本数据进行状态评价,倘若设备运行状态为"非优",还要找出导致状态"非优"的原因,以此作为对电主轴系统进行维护和检修的参考依据。

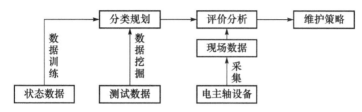

图 8.8　电主轴系统运行状态评价分析的基本过程

参 考 文 献

[1] 胡虎,赵敏,宁振波,等. 三体智能革命. 北京:机械工业出版社,2016.

[2] 李杰,倪军,王安正. 从大数据到智能制造. 上海:上海交通大学出版社,2016.

[3] 李杰,邱伯华,刘宗长,等. CPS:新一代工业智能. 上海:上海交通大学出版社,2017.

[4] 林忠钦,奚立峰,蒋家东,等. 中国制造业质量与品牌发展战略研究. 中国工程科学,2017,19(3):20-28.

[5] 谭建荣,刘达新,刘振宇,等. 从数字制造到智能制造的关键技术途径研究. 中国工程科学,2017,19(3):39-44.

[6] 李瑞森,张树有,尹国栋,等. 多属性多关联的工程图学试题库与多路径智能组卷系统研究. 图学学报,2018,39(2):374-380.

[7] 卢秉恒. 智能制造与协同创新. 中国科技产业,2016,10:20-21.

[8] Li P G. Special issue:Intelligent manufacturing. Engineering,2017,5:7-8.

[9] Zhou J,Li P G,Zhou Y H,et al. Toward new-generation intelligent manufacturing. Engineering,2018,1:28-47.

[10] 郭东明. 高性能精密制造. 中国机械工程,2018,29(7):757-765.

[11] Albert J S. The function analysis and design of alien shape stone multi-function NC machining Center // National Eleventh Five-Year Science and Technology Support Program. Shanghai,2011:579-582.

[12] 杨灏,乔红超,赵吉宾,等. 激光冲击强化 FV520B 叶片钢的表面形貌与疲劳寿命的研究. 激光杂志,2017,38(9):1-4.

[13] 王天然,库涛,朱云龙,等. 智能制造空间. 信息与控制,2017,46(9):641-645.

[14] 汤健,柴天佑,刘卓,等. 基于更新样本智能识别算法的自适应集成建模. 自动化学报,

2016,42(7):1040-1052.

[15]　柴天佑,丁进良,徐泉,等.基于物联网的选矿制造执行系统技术.物联网学报,2018,
　　　2(1):1-16.

[16]　汪博,孙伟,闻邦椿.高转速对电主轴系统动力学特性的影响分析.工程力学,2015,
　　　35(6):231-237,256.

[17]　顾大卫,闻邦椿.在振动筛上实现振动同步传动及试验研究.机械设计与制造,2018,(3):
　　　4-7.

[18]　Krizhevsky A,Sutskever I,Hinton G E. ImageNET classification with deep convolutional
　　　neural networks. Advances in Neural Information Processing Systems∥The 26th Annual
　　　Conference on Neural Information Processing Systems. Lake Tahoe,2012.

[19]　段艳杰,吕宜生,张杰,等.深度学习在控制领域的研究现状与展望.自动化学报,2016,
　　　42(5):643-654.

[20]　石怀涛,乔思康,丁健华,等.基于改进卷积神经网络 CNND 的电主轴轴承故障诊断方法.
　　　沈阳建筑大学学报,2020,36(2):361-369.

[21]　范丽婷,陈加凯,张珂,等.基于综合指数的电主轴工作状态评价模型∥第 29 届中国控制
　　　与决策会议.重庆,2017.

第9章　陶瓷电主轴

将陶瓷等新型工程材料用于机床主轴是新的尝试。全陶瓷电主轴是将电主轴的机械转轴部分和轴承部分采用工程陶瓷材料制作而成的一种新型电主轴,其结构与普通电主轴基本一致。全陶瓷电主轴中的氧化锆陶瓷转轴与转子如图9.1所示。陶瓷材料不导电、不导磁的特性不仅够使主轴和轴承避免金属电主轴中因轴电流导致的额外电磁损耗,还减少了变频器输出电源中高次谐波引起的额外电磁损耗。同时,陶瓷材料的低密度和低热膨胀系数性能,减轻了电主轴的重量及高速旋转时的离心力,并且降低温升导致的主轴变形,提高了电主轴运行精度。因此,陶瓷电主轴与金属电主轴性能相比具有很大区别[1~3]。

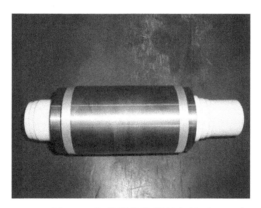

图9.1　氧化锆陶瓷转轴与转子

9.1　陶瓷电主轴电磁特性

为了满足高速可控的特性要求,电主轴一般采用变频器驱动。虽然变频器驱动电主轴有很多优点,不仅能提高调速范围,而且在宽调速范围内还可以提供大转矩。但是变频调速装置在调速过程中的输入电压、频率及波形都会发生变化,进而对电主轴的各项损耗及效率产生不同程度的影响。这主要是由于逆变器的输出电压中含有大量的高次谐波,这些谐波会使得电机产生额外的损耗。

9.1.1　供电变频器工作特性

变频器输出电压谐波是引起电主轴电磁振动的主要原因。为了正确评价陶瓷电主轴磁场特性,需要应用功率分析仪测试变频器输出电压、电流信号谐波。功率分析仪如图9.2所示。测得不同频率下电主轴供电变频器电压谐波频谱如图9.3所示,不同频率下变频器电流谐波频谱如图9.4所示。

图9.2　功率分析仪

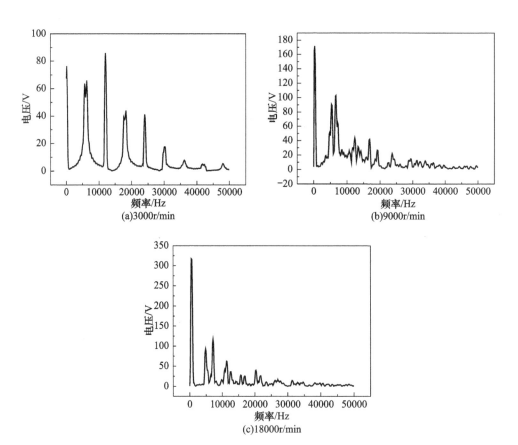

图9.3　不同频率下变频器电压谐波频谱

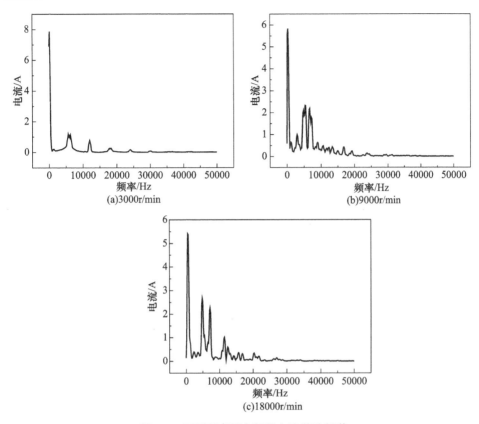

图 9.4　不同频率下变频器电流谐波频谱

　　供电电源的电流或电压波形中的谐波存在,将影响电主轴的损耗及振动。分析图 9.3 和图 9.4 可知,变频器产生的电压、电流 3 次、5 次和 7 次奇次谐波波峰要普遍大于 2 次和 4 次偶次谐波,奇次谐波对电主轴振动的影响要大于偶次谐波影响。谐波电压和电流随着频率的增加呈现递增趋势,谐波功率也随之增加。变频器谐波响应随着供电基波频率的增加而提高,而在高频简谐电压电流激励下,频率的增加将使得集肤效应更加明显。简谐电流和电压波形发生畸变,高频率下的频谱低频峰值和分布密度远高于中低频率频谱分布情况;变频器的谐波功率产生大量的 3 次谐波电流流过导体,使得导体过热,增加了谐波损耗,是电主轴的机械振动和发热的重要影响因素。

　　变频器输出电参数与电主轴转速关系如图 9.5 所示。可以看出,变频器输出电压随着转速的增加而近似线性增加,随着转速增加,电主轴转速达到额定转速时,电压接近饱和状态。同时,输出功率与转速呈线性关系。

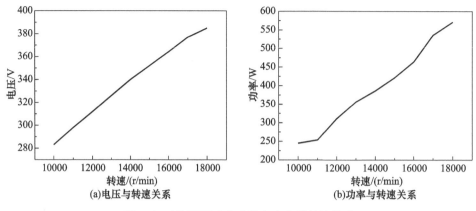

(a)电压与转速关系　　　　　　　(b)功率与转速关系

图 9.5　变频器输出电参数与电主轴转速关系

9.1.2　陶瓷电主轴漏磁

陶瓷材料与金属材料的属性不同,选择陶瓷材料作为电主轴的转轴及轴承材料,除陶瓷材料良好的热学性能,其不导磁、不导电的特性也引起了人们的广泛关注。因此,利用磁场测试仪测量陶瓷电主轴周围的磁场,并与金属电主轴进行对比。被测陶瓷电主轴如图 9.6 所示,磁场测试仪如图 9.7 所示。陶瓷电主轴周围漏磁如图 9.8 所示。分析图 9.8 可知,陶瓷电主轴壳体漏磁时域图有不规则波峰出现,反映出谐波效应对电磁场影响较大,谐波电流与电压的畸形增加了漏磁量。金属、陶瓷电主轴漏磁对比如图 9.9 所示。根据漏磁对比,陶瓷电主轴周围漏磁远远低于金属电主轴,体现出陶瓷定转子磁极间磁场密度远小于金属电主轴,主要是因为陶瓷材料不能磁化,逆磁材料对电流涡流效应反作用出现减磁效应,磁极间磁通密度达到饱和程度较慢,向磁极周边区域磁力线扩散程度降低,对磁漏有着一定的抑制作用。

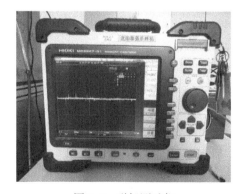

图 9.6　被测陶瓷电主轴　　　　　　图 9.7　磁场测试仪

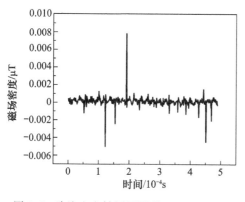

图 9.8　陶瓷电主轴周围漏磁(18000r/min)

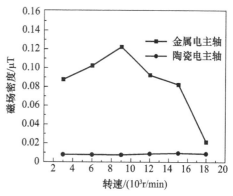

图 9.9　金属、陶瓷电主轴漏磁对比

　　为了对比不同载荷下陶瓷电主轴的周围漏磁情况,分别完成了空载、5N 和 10N 径向载荷下陶瓷电主轴和金属电主轴的漏磁测试。载荷对陶瓷电主轴漏磁影响如图 9.10 所示,载荷对金属电主轴漏磁影响如图 9.11 所示。可以看出,电主轴周围磁场受到载荷的影响较大。图 9.10(a)～(c)显示出随着载荷的增加,电主轴

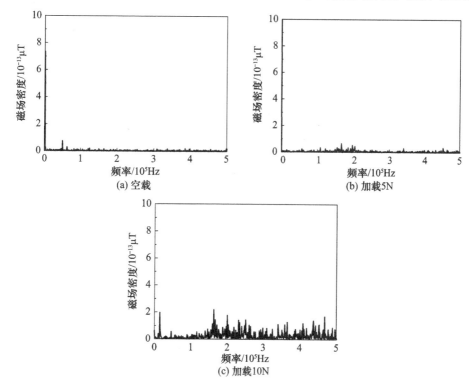

图 9.10　载荷对陶瓷电主轴漏磁的影响(18000r/min)

周围不同频率的漏磁幅值迅速增加,基波所占比例降低,高次谐波比例增加,体现出载荷对电主轴磁场分布影响较大。这是因为随着载荷的增加,扭矩输出提高,电压与功率随之增加,定转子之间的磁密与磁通增强,谐波随之增加。对比图 9.10 和图 9.11 可以看出,受陶瓷材料出现反磁效应影响,陶瓷电主轴周围磁场幅值明显低于金属电主轴,且陶瓷电主轴漏磁现象受加载的影响更加明显。

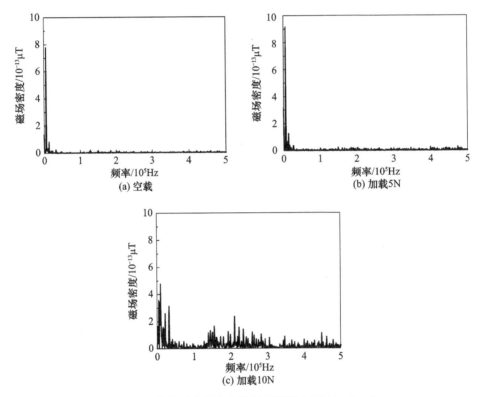

图 9.11　载荷对金属电主轴漏磁的影响(18000r/min)

9.2　陶瓷电主轴振动噪声特性

9.2.1　陶瓷电主轴振动特性

利用 Polytec OFV-505 非接触式激光测振仪测量不同转速下陶瓷电主轴和金属电主轴转轴振动频谱如图 9.12 所示。可以看出,随着转速的提高,陶瓷电主轴振动加剧,振动峰值规律性地向低频区域移动,但变化量不大,说明陶瓷电主轴动态性能较好。两种不同材质的电主轴振动频率有很大差别,金属电主轴频谱峰值在低频区域峰值数量要大于陶瓷电主轴。金属电主轴低频区域出现多个不规则峰值,且频谱图中低频区域能量要大于高频区域,说明其振动受电磁振动与谐波效应影响较大。

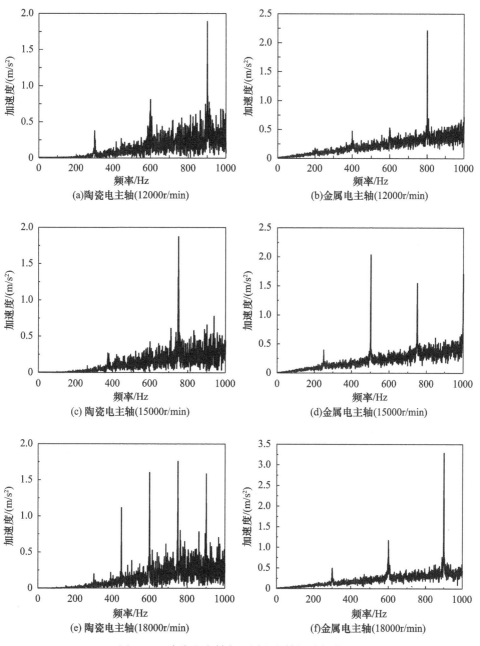

图 9.12　陶瓷电主轴与金属电主轴振动频谱图

　　金属电主轴、陶瓷电主轴振动对比如图 9.13 所示。可以看出,两种电主轴振动幅值与转速有着直接的关系,随着转速的增加,振动幅值呈现上升趋势,金属电主轴振动要稍大于陶瓷电主轴振动。电主轴振动主要由两大类组成,一类是电主轴内部零件在其平衡位置附近形成的机械振动,另一类是定、转子气隙高频变化形成的电磁振动。由图 9.9 和图 9.13 可以看出,电磁谐波是电主轴振动的重要影响因素。

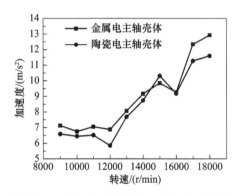

图 9.13　　金属电主轴、陶瓷电主轴振动对比

9.2.2　陶瓷电主轴辐射噪声特性

　　电主轴的噪声是影响其性能的一项重要指标。电主轴噪声主要来源于机械噪声、磁场噪声以及气动噪声。机械噪声主要由支承主轴的轴承在高速下运转产生摩擦和冲击振动噪声;磁场噪声是由转子运动导致磁场气隙不均匀产生的磁场振动噪声;气动噪声主要由高速运转的转子和轴承与油气润滑输入气压对流冲击所致,其与机械噪声和磁场噪声相比较小。陶瓷轴承电主轴的噪声与金属电主轴有很大不同[4~7]。本节对三种油气润滑电主轴进行噪声测试分析,主要讨论电主轴机械噪声和磁场噪声。

　　全陶瓷轴承电主轴在不同转速下的辐射噪声声波如图 9.14 所示。可以看出,随转速的增加,全陶瓷轴承电主轴辐射噪声声波幅值逐渐增大,并且声波的周期性更加明显。金属轴承电主轴在不同转速下的辐射噪声声波如图 9.15 所示。可以看出,电主轴辐射噪声声波幅值随转速的增加而变大,但变化的幅度不如全陶瓷轴承电主轴明显。无内圈式陶瓷轴电主轴在不同转速下的辐射噪声声波如图 9.16 所示。可以看出,在转速 10000~18000r/min 范围内,无内圈式陶瓷轴电主轴辐射噪声声波幅值变化基本与转速无关。比较图 9.14~图 9.16 可以看出,无内圈式陶瓷轴电主轴辐射噪声明显高于全陶瓷轴承电主轴与金属轴承电主轴。

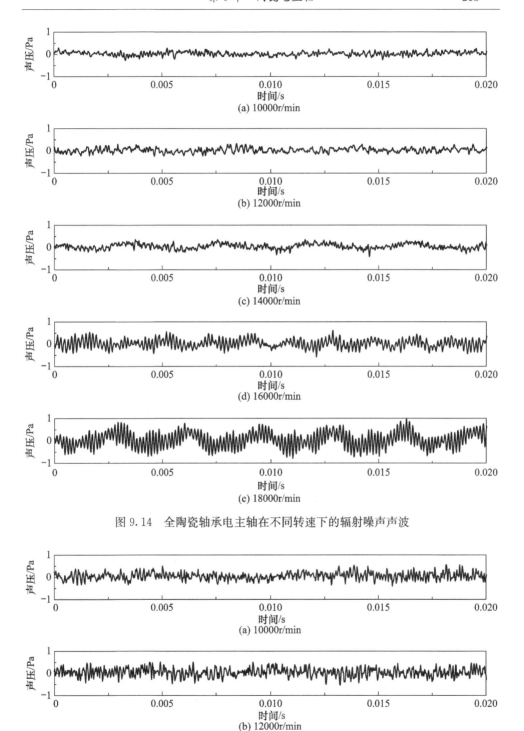

图 9.14　全陶瓷轴承电主轴在不同转速下的辐射噪声声波

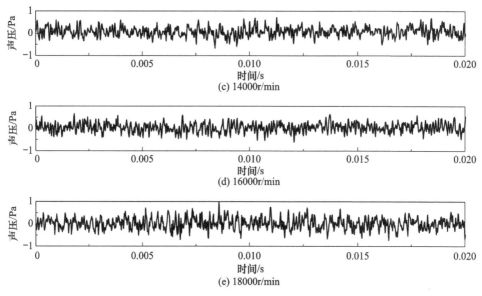

图 9.15　金属轴承电主轴在不同转速下的辐射噪声声波

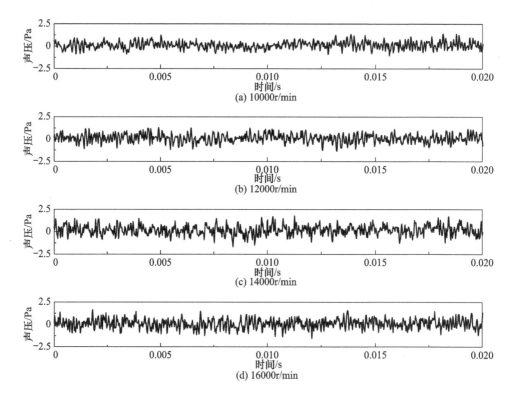

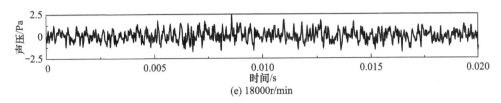

图 9.16　无内圈式陶瓷轴电主轴在不同转速下的辐射噪声声波

辐射噪声随转速变化的曲线如图 9.17 所示。可以看出,随着转速的增加,全陶瓷轴承与金属轴承电主轴辐射噪声均呈上升趋势,全陶瓷轴承电主轴噪声变化较大,金属轴承电主轴噪声变化平稳。在低转速时,全陶瓷轴承电主轴辐射噪声小于金属轴承电主轴噪声,在高转速时,全陶瓷轴承电主轴辐射噪声高于金属轴承电主轴噪声。在三种电主轴中,无内圈式陶瓷轴电主轴辐射噪声最高,但随转速的变化其噪声变化最小,噪声声压级总体保持在 88～90dB。无内圈式陶瓷轴电主轴的轴承游隙相对较大,在运转过程中会产生较大的噪声。而随转速的增加,金属轴承电主轴振动较小且较为平稳,辐射噪声相对较小。全陶瓷轴承电主轴随转速的增加,球与套圈的摩擦力增加得较快,产生相对较大的摩擦噪声。因此,与金属轴承电主轴相比,其产生的噪声变化较大,呈非线性增加趋势。

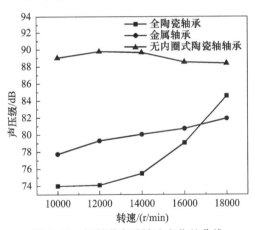

图 9.17　辐射噪声随转速变化的曲线

图 9.18～图 9.20 分别给出了全陶瓷轴承电主轴、金属轴承电主轴以及无内圈式陶瓷轴电主轴在不同转速下的辐射噪声频谱特性。由图 9.18 可以看出,全陶瓷轴承电主轴辐射噪声有明显的旋转频率、2 倍转频特征(频率由低到高出现的两个峰值)以及球和陶瓷之间的冲击与摩擦噪声(频率在 2000Hz 附近)。在低转速时,由旋转产生的机械噪声较大,磁场振动(频率在 6000～8000Hz)产生的磁场噪声相对较小。随着转速的增加,磁场振动加剧,导致磁场噪声超过机械噪声(轴承振动噪声)。并且随着转速的增加,各噪声频率逐渐提高。由图 9.19 可以看出,金属轴

承电主轴辐射噪声特性与全陶瓷轴承辐射噪声特性有类似的规律,但其在较低转速时,摩擦与冲击噪声更加剧烈,只在 18000r/min 时,其磁场噪声(5000Hz 附近)才略高于机械噪声。由图 9.20 可以看出,无内圈式陶瓷轴电主轴频谱较为杂乱。在较低转速时,球与套圈和保持架的摩擦与冲击噪声较为突出。在较高转速时,旋转频率噪声有所显现,但随转速变化不大,主要是因为陶瓷材料不导磁,由磁场产生的噪声较小。总之,全陶瓷轴承电主轴与金属承电主轴噪声谱有较大差异。

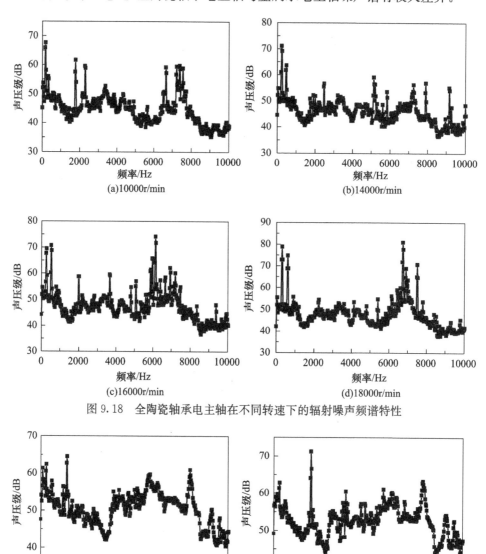

图 9.18　全陶瓷轴承电主轴在不同转速下的辐射噪声频谱特性

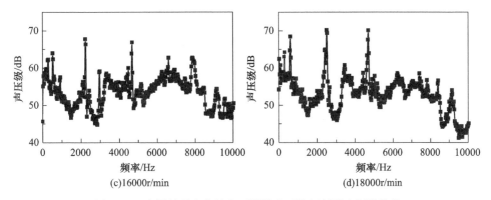

图 9.19 金属轴承电主轴在不同转速下的辐射噪声频谱特性

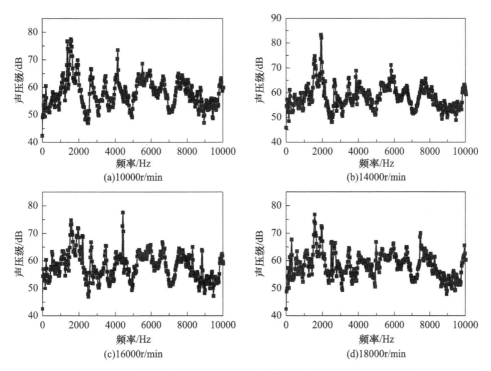

图 9.20 无内圈式陶瓷轴电主轴在不同转速下的辐射噪声频谱特性

综上分析可知,在较低转速时,全陶瓷轴承电主轴和金属轴承电主轴主要以机械振动噪声为主,随着转速的提升,主频偏向电磁场振动频率,以致较高转速时磁场噪声要高于机械噪声。对于无内圈式陶瓷轴电主轴,其噪声谱相对复杂,且其频谱变化与转速关系不大。

参 考 文 献

［1］　Zhang L X, Wu Y H. Vibration and noise monitoring of ceramic motorized spindles. Advanced Materials Research, 2011, 291-294: 2076-2080.

［2］　Zhang L X, Wu Y H, Wang L Y. Analysis on the influence of vibration performance of air-gap of ceramic motorized spindle. Advanced Materials Research, 2011, 335-336: 547-551.

［3］　张丽秀, 阎铭, 吴玉厚, 等. 150MD24Z7. 5高速电主轴多场耦合模型与动态性能预测. 振动与冲击, 2016, 35(1): 59-65.

［4］　闫海鹏, 吴玉厚, 王贺. 高速角接触陶瓷球轴承电主轴的辐射噪声分析. 制造技术与机床, 2019, (7): 145-148.

［5］　Yan H P, Wu Y H, Li S H, et al. The effect of factors on the radiation noise of high-speed full ceramic angular contact ball bearings. Shock and Vibration, 2018, (1): 1-9.

［6］　Yan H P, Wu Y H, Li S H, et al. Research on sound field characteristics of full-ceramic angular contact ball bearing. Journal of the Brazilian Society of Mechanical Sciences and Engineering, 2020, 42(311): 1-16.

［7］　Yan H P, Wu Y H, Sun J, et al. Acoustic model of ceramic angular contact ball bearing based on multi-sound source method. Nonlinear Dynamics, 2020, 99(2): 1155-1177.